S

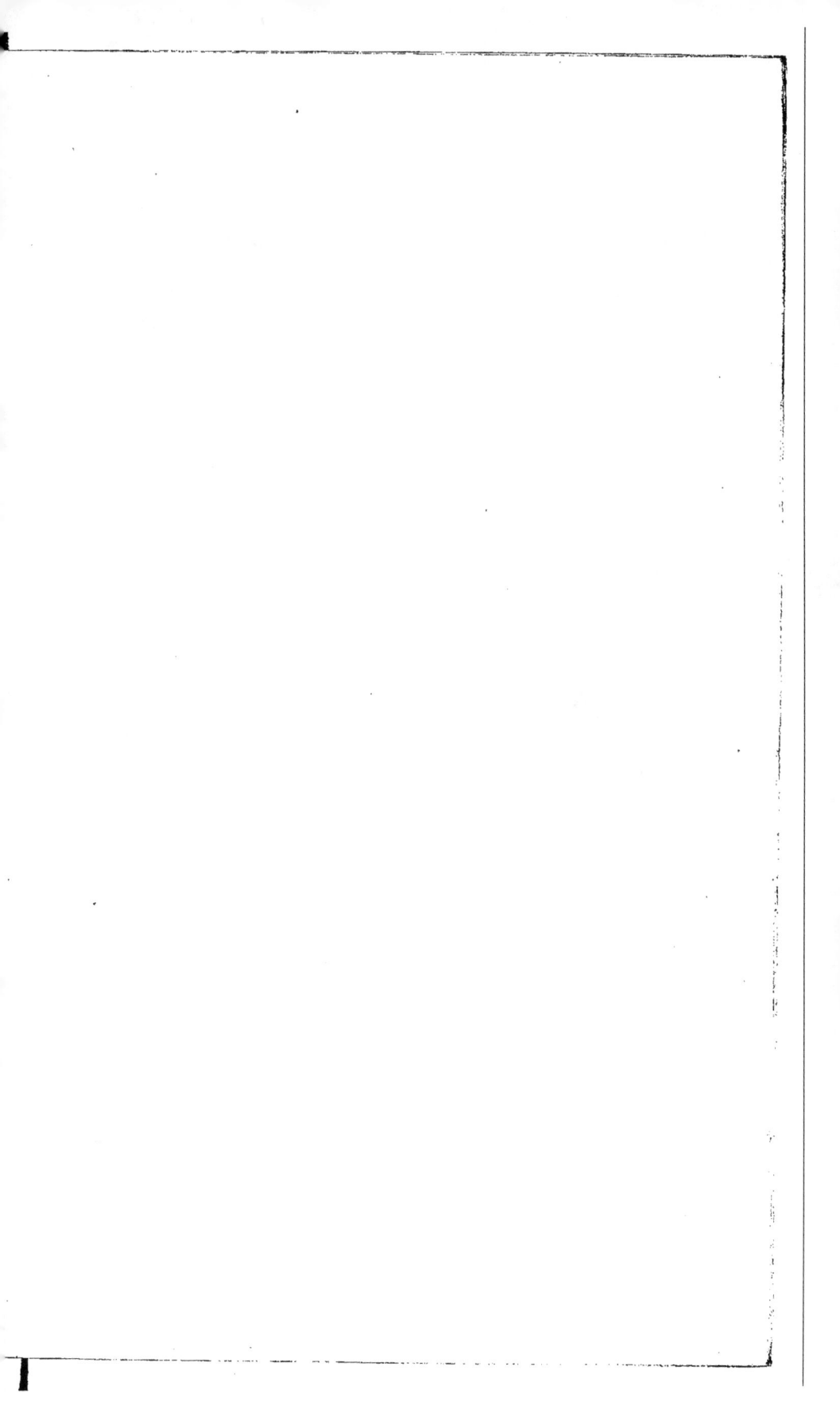

2/250

RECHERCHES

SUR LA DISTRIBUTION ET SUR LES MODIFICATIONS

DES CARACTÈRES

DE QUELQUES ANIMAUX AQUATIQUES

DU BASSIN DU RHONE,

Par M. J. FOURNET,

PROFESSEUR A LA FACULTÉ DES SCIENCES DE LYON.

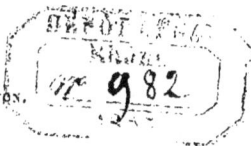

Extrait d'un Traité sur la Géographie physique du bassin du Rhône, lu à la Société impériale d'agriculture de Lyon, dans la séance du 6 mai 1853.

I° Aperçus préliminaires au sujet de la pisciculture.

Des causes très-complexes président à la distribution ainsi qu'à l'assortiment des caractères des êtres organisés. Cependant, il en est une qui doit être rangée en première ligne; c'est la température, car elle joue un rôle d'une prépondérance incontestable dans l'exclusion de divers végétaux en dehors de certaines régions, et aussi dans le fait de la coexistence de plusieurs autres sur des plages déterminées. Ces corrélations thermiques et botaniques étant bien démontrées, on a dû essayer d'établir les stations de divers animaux terrestres, d'après une base analogue; mais les tentatives à ce sujet ont été un peu moins heureuses que celles qui concernent les plantes. En effet, ces animaux sont locomobiles; plusieurs sont même migrateurs; d'ailleurs, changeant de robe, les individus de certaines espèces supportent avec une sorte d'indifférence le passage d'une région froide à une région chaude, ou

réciproquement. Une vitalité plus développée contribue encore
à les mettre souvent à même de résister à des changements que
ne supporteront pas les végétaux, dont une grande majorité
est tellement assujétie aux alternatives de la température,
qu'ils meurent, ou perdent du moins leur feuillage à l'approche
de l'hiver, pour s'en parer de nouveau vers le retour du
printemps. Mais un moyen terme peut exister, et la considé-
ration des circonstances précédentes m'a amené à supposer
que les animaux aquatiques ou d'un ordre inférieur sont, jusqu'à
un certain point, susceptibles d'être assimilés aux végétaux,
en ce sens que leur domaine se trouve surtout limité par les
conditions de chaleur.

Mes études au sujet de la température des eaux, tant courantes que stagnantes (1), ont donné assez de consistance à cette
idée pour m'encourager à la poursuivre, de manière à en former la base de l'un des compléments de la géographie physique du bassin du Rhône, travail auquel j'ai voué une partie de
mon temps depuis que j'ai été fixé à Lyon. Ce complément
devait naturellement se ranger à côté des détails relatifs à
la géographie botanique, branche qui, entre les mains de Gi-
raud de Soulavie, a pris naissance dans notre contrée; il devait
faire pareillement suite aux diverses observations déjà ras-
semblées par divers zoologistes, au sujet de la distribution des
populations animales de nos montagnes et de nos plaines.

Cependant, deux motifs m'ont déterminé à devancer l'é-
poque de la publication définitive de mon traité. C'est que
d'abord il est difficile d'obtenir de bons renseignements tant
que l'on n'a pas fait connaître l'ensemble de son plan, de manière à fixer l'attention des hommes de science sur les points
essentiels qu'ils doivent mettre à profit. Déjà maintes fois j'ai
pu remarquer que les données les plus précises m'arrivaient
après la publication d'un mémoire, et c'en est assez pour qu'à

(1) *Annuaire météorologique de la France*, 1852.

l'avenir je ne conserve pas en porte-feuille les matériaux que je croirai susceptibles d'être perfectionnés par des échanges d'amicales communications. Il serait même à souhaiter que l'on eût procédé dans ce sens à l'égard de quelques autres grands travaux concernant la France, et dont les auteurs auraient pu singulièrement bonifier le résultat en émettant de premiers aperçus au sujet des points douteux.

Les événements du moment ont achevé de me décider à cet égard. La voix retentissante des journaux de Paris a appris à la province, qu'excité par le succès industriel de deux pêcheurs des Vosges, Remy et Gehin, le gouvernement fait de grands sacrifices en faveur de la pisciculture. Il est hors de doute que ces dépenses pourront aboutir à l'entretien ou à la création de quelques branches de l'économie publique ; mais aussi il est à craindre que la promptitude d'exécution inhérente au caractère national ne conduise à des mécomptes dont le résultat serait de provoquer un découragement complet, et ce que j'avance ici ne paraîtra pas exagéré quand j'aurai rapporté aussi brièvement que possible ce que l'amour de la vérité a si hautement fait proclamer à M. Valenciennes, au sujet de ses premières tentatives faites dans la capitale.

Ce savant ichthyologiste fut chargé d'importer en France diverses espèces de poissons de l'Allemagne, afin d'en essayer la reproduction, soit par les méthodes de fécondation artificielle, soit par la propagation naturelle du frai. Grâce au concours empressé des naturalistes allemands, des directeurs des chemins de fer, et grâce surtout à la protection du roi de Prusse, les obstacles du transport ont été vaincus. La grande lotte allemande (*Gadus lotta*, BLOCH), ainsi que l'alandt (*Cyprinus jeses*, BLOCH) des rivières et des lacs du Brandebourg, ont été amenés d'abord dans le bassin du jardin des plantes, en attendant un séjour plus convenable dans de grandes pièces d'eau de la Seine, ou dans les nombreux bassins du parc de Ver-

saïlles. Malheureusement on dut s'apercevoir bientôt que ces
lottes déjà vieilles se trouvaient incommodées par les ténias ;
en outre, les eaux nouvelles décoloraient leur peau ou faisaient naître une éruption analogue à la petite vérole. Plusieurs
sujets ne tardèrent même pas à succomber. La réussite n'a pas
été plus grande à l'égard des sanders (*Perca lucioperca*, LINN.)
et des silures (*Silurus glanis*), si bien que l'on a pu prétendre
que ces animaux dépaysés ont été détruits par la nostalgie.

Je ne sais jusqu'à quel point le moral d'un poisson peut être
affecté par son exil hors de sa patrie ; mais ce dont je suis dès
à présent intimement convaincu, c'est que son bien-être est
tellement influencé par la température d'abord, et ensuite par
diverses causes non moins prépondérantes, qu'il est impossible
de faire abstraction de ces conditions pour la solution du grand
problème zoologique qui se discute en ce moment. Ainsi, pour
ne pas sortir immédiatement de la liste précédente, je vais
rappeler en premier lieu les propriétés du *Silurus glanis*.

Ce poisson est le plus grand parmi ceux des eaux douces de
l'Allemagne, car il peut peser jusqu'à 60, 100, et même, dit-
on, jusqu'à 390 kilog. Il fréquente le Danube, la Vistule,
l'Elbe, plusieurs lacs de la Bavière, ainsi que de la Hongrie,
se tenant pour l'ordinaire au fond de l'eau. Sur le méridien,
qui s'étend de la Méditerranée à la mer du Nord, il trouve le
lac de Harlem et le Rhin dont il habite les parties allemande et
hollandaise. On l'a quelquefois pêché non loin de Strasbourg,
et rarement les individus de forte taille remontent plus haut
pour gagner les divers lacs de la Suisse. Dans celui de Neuchâtel entre autres, où le glanis est connu sous le nom de *Saluth*,
le plus fort que l'on y ait vu pesait 74 kilog., et a été pris
auprès d'Estavayer ; mais, à part ces exceptions, on n'y trouve
un peu fréquemment que de jeunes individus. Il faut encore
ajouter que déjà, dans le siècle passé, le célèbre métallurgiste,
M. de Dietrich, n'a pas réussi à le multiplier dans ses divers
lacs de la Basse-Alsace.

De ces indications il résulte évidemment que la limite méridionale des divagations de cette race se trouve placée vers le 47me de latitude N, et que son domaine proprement dit, dans le Rhin, ne dépasse guère le 50me de lat. N, position à laquelle correspond, d'après M. Becquerel, une température moyenne d'environ 9 à 10°. Eh bien, c'est ce poisson, ami des profondeurs, qui, libre de remonter en masse dans une foule d'affluents supérieurs, s'arrête cependant en aval de Strasbourg, auquel par conséquent la nature a si visiblement interdit de dépasser une certaine borne, que l'on a transplanté brusquement près du 49me de lat. N, dans un climat séquanien dont la moyenne s'élève à 10°,5, et cela pour le faire stationner dans un étroit réservoir d'eau stagnante. L'on a vu les conséquences de l'opération.

On devait s'attendre au même résultat de la part du sanders (*Perca lucioperca*, LINN.), poisson de 1^m,0 à 1^m,30 de longueur qui habite les eaux douces septentrionales de l'Allemagne, telles que celles de l'Elbe et de l'Oder, de la Pologne, de la Livonie, de la Suède, de la Norwège, du Danemarck, et spécialement le Danube en Hongrie, ainsi que le lac Schwalow, en Saxe. On le prend encore dans les lacs et les fleuves russes des bassins de la Caspienne et de la mer Noire. Vivant ordinairement dans les profondeurs, et s'approchant rarement de la surface, il lui faut des eaux pures, et il expire très-vite, non-seulement quand on le met à sec, mais encore quand on le fait passer tout simplement dans un liquide différent de celui des lacs et des rivières qui l'ont nourri ; les moindres dissolutions gypseuses passent, entre autres, pour lui être nuisibles ; enfin il refuse de manger dès qu'il se sent renfermé. Évidemment un être doué d'une telle susceptibilité n'était guère de nature à se plier aux exigences d'un déplacement vers le sud, dans la France, dont le climat est bien différent de celui des parties correspondantes de la Russie méridionale. Il devait surtout souffrir de son emprisonnement dans les bassins si exigus des environs de Paris, et dès lors que pouvait-on espérer d'un pareil transvasement?

L'alandt (*Leuciscus jeses*, Val. ou *Cyprinus jeses*, Bloch) appartient, comme les poissons précédents, aux parties N et NE de l'Allemagne où il est très-commun. Il ne pénètre cependant pas plus loin, en Suède par exemple, car aucune faune septentrionale n'en fait mention. Son domaine européen est donc circonscrit à peu près de la manière suivante : Rhin, qu'il remonte peut-être jusqu'au lac de Constance où il serait désigné sous le nom d'*alat;* Danube, Crimée et Russie; Oder, Sprée et Elbe jusqu'à Hambourg; Angleterre; Escaut et Somme. Cette dernière rivière constitue la limite sud du champ qui lui est affecté, car l'alandt n'apparaît jamais dans la Seine, et par conséquent il est contenu de ce côté par une barrière plus reculée que ne l'est celle du glanis, auquel il est accordé de remonter vers la latitude N 47°, l'autre étant à la latitude N 50°.

Quant à la grande lotte allemande (*Gadus lotta*, Bloch), elle a été tellement confondue avec la lotte de nos rivières de France qu'il est très-difficile de débrouiller ce qui la concerne spécialement, d'autant que M. Valenciennes n'a pas encore publié ses travaux à ce sujet. Je vais donc à tout hasard puiser mes indications dans les ouvrages de Bloch. Ce poisson jouit d'une certaine ressemblance avec le glanis, de manière à avoir pu tromper quelques auteurs. Susceptible d'une rapide croissance quand il est bien nourri, il atteint la taille de 0^m,66 à 1 mètre, et un poids de 5 à 6 kilog.; d'ailleurs Valmont de Bomare a vu à Chantilly un de ces sujets apporté du Danube à l'occasion d'un repas donné au roi de Danemarck, et dont la longueur était de 1^m,21. La chair de ce poisson est blanche, d'une saveur agréable, et, n'étant pas grasse, elle convient aux estomacs débiles. Son foie, singulièrement volumineux, est regardé comme un mets si délicat, qu'une certaine comtesse de Beuchlingen consacrait une grande partie de ses revenus à s'en procurer. Suspendu dans un verre exposé au soleil ou à la chaleur d'un poêle, ce même foie se résout presque complétement en une huile bonne pour assaisonner les aliments, pour alimenter les lampes, et même pour quelques usages médicinaux, car Aldrovande la considère comme un excellent spécifique contre les taches de la peau. Au surplus, cette tendance à la décomposition huileuse paraît inhérente à tout l'ensemble de la chair de l'animal; en effet, les pêcheurs qui en capturaient jadis d'énormes quantités, ne sachant comment s'en défaire, le découpaient par lanières qu'ils faisaient dessécher pour s'en servir en guise de chandelles. Ce poisson affectionne les eaux claires ; il se tient aux places les plus concaves des rivières et des lacs, sous le creux des pierres ou dans des trous dont il ne sort qu'en décembre ainsi qu'en janvier pour frayer autour des parties peu profondes de l'embouchure des rivières et des ruisseaux; là, sa femelle dépose jusqu'à cent vingt-huit mille œufs qui, à l'instar de ceux de beaucoup d'autres poissons, sont de nature très-indigeste. Pendant le reste de l'année, embusqué dans sa retraite habituelle, il guette au passage les poissons, les vers et les insectes aquatiques, quelquefois même il se jette sur l'épinoche, mais aux dépens de sa vie, son gosier étant bientôt percé par les piquants de sa proie. Ses ennemis sont d'ailleurs le brochet et le glanis. Il possède une assez forte dose de vitalité pour se laisser conserver pendant quelque temps dans les viviers où on le nourrit avec du cœur de bœuf haché. Encore très-commun en Allemagne, on procède à sa pêche pendant les nuits d'été avec des seines et d'autres grands filets. Enfin, ce poisson habite la Poméranie, la Prusse, la Silésie, la Livonie, la Saxe, la Bohême, la Pologne, l'Esclavonie, la Hongrie et l'Angleterre. Bloch l'indique également pour la France et l'Italie, mais il est évident qu'il s'agit ici de notre lotte ordinaire ou de quelques autres espèces, et il en est très-probablement de même à l'égard de celles qui stationnent dans le Rhin supérieur. Comme d'ailleurs le célèbre ichthyologiste ne mentionne aucune localité de la Suède, il faut admettre que ce poisson est limité à peu près au nord par le 55e degré, et au sud par le 45e degré de latitude N.

Actuellement que l'on connaît avec toute l'exactitude possible, dans l'état présent de la science, les qualités des poissons précédents, on comprend que dans leur générosité les hommes de science de la capitale, stimulés par un vif désir d'offrir à la province une éclatante indemnité des privations qu'elle s'impose sans cesse en leur faveur, aient voulu courir quelques risques ; c'est du moins de cette manière que me paraît devoir être expliquée la hardiesse des tentatives de M. Valenciennes, et certes il eût été glorieux d'avoir pu répandre dans notre patrie, et les magnifiques glanis, et les lottes si appétissantes, et les délicats sanders, et le délectable alandt ; il était digne de lui de trouver le moyen de les vulgariser au point de les faire passer de la table du riche à celle du pauvre, ainsi que cela arrive dans le nord ; c'était enfin accomplir noblement sa mission que d'enrichir notre industrie nationale d'un nouveau moyen de produire les huiles dont elle est obligée d'aller se compléter au loin. Mais, indépendamment de certaines difficultés au sujet desquelles je reviendrai par la suite, il faut avant tout mettre en ligne de compte la nature qui a aussi ses exigences, et, comme elle est la plus forte, il faut en définitive toujours savoir se plier à ses lois.

Si donc il était question de recommencer les expériences sur les espèces auxquelles leurs qualités ont fait accorder la préférence, je suppose, sauf meilleur avis, qu'il conviendrait de laisser de côté les idées que l'on a pu se faire au sujet de la puissance de l'homme sur les animaux domestiques, tels que le bœuf, le cheval, l'âne, le porc, le chien, le mouton, la chèvre, le chat, le rat, la souris, la poule, l'oie, le canard et le pigeon, qui suivent à peu près partout le colon européen. En revanche, admettant, jusqu'à plus ample informé, que les poissons précédents n'appartiennent pas à des créations absolument locales, nettement circonscrites et éminemment rebelles à tout déplacement, je proposerai de procéder à leur égard par la voie de l'acclimatation progressive.

Cette méthode a été suivie pour la carpe ainsi qu'on le verra plus loin; elle a été adoptée également à l'égard du ver à soie; elle s'effectue tout naturellement pour le moineau qui remonte successivement avec la culture dans la Russie, et jusque dans le Kamtschatka; elle a d'ailleurs été quelquefois reconnue nécessaire même en sylviculture, et dès-lors pourquoi ne pas diriger dans le même sens les essais sur les nouveaux poissons dont il s'agit de doter le pays?

Ainsi à l'égard des *Cyprinus jeses*, on remarquera d'abord que la Somme touche pour ainsi dire à l'Oise entre La Fère (lat. N 49° 40') et Saint-Quentin (lat. N 49° 50'); qu'en second lieu ces rivières prennent toutes deux naissance dans la chaîne des Ardennes, et qu'elles traversent à peu près les mêmes terrains; qu'enfin l'embouchure de la Somme à Saint-Valéry (lat. N 50° 11') et celle de la Seine au Havre (lat. N 49° 29') ne sont pas à 1° de distance l'un de l'autre. Ceci posé, les climats respectifs étant peu différents, il est à croire que les eaux de ces bassins ne présentent pas de notables disproportions thermiques sur toute leur étendue, et en faisant un choix convenable des stations, soit dans l'Oise, soit dans la Seine, soit même dans quelque autre affluent, on arriverait facilement à en trouver dont la concordance est aussi égale que possible. C'est donc là qu'il me paraît à propos de placer des sujets jeunes, ou du frai pris dans la Picardie et non dans la Prusse, et peut-être de cette manière parviendrait-on à franchir la digue de la rive gauche de la Somme, digue qui, d'après une judicieuse remarque de M. Valenciennes, constitue la barrière contre laquelle viennent s'arrêter plusieurs espèces germaniques.

De même pour le glanis, il conviendrait de reprendre les essais de M. de Dietrich, car il n'est pas encore démontré que leur insuccès ait tenu à la nature, le profond relâchement des lois pendant la révolution de 93, ayant bien pu contribuer à faciliter la destruction du poisson importé par les soins de ce philanthrope. De là on procéderait graduellement aux rivières occidentales. Toutefois le bassin du Rhône pourrait ne pas être laissé de côté dans ces tentatives. En effet, le lac rhénan de Neuchâtel est sur le même parallèle (47° 5' N) que le lac rhodanien de Saint-Point, formant dans le Jura une belle nappe très-profonde, et de 1 lieue 1/2 de longueur sur une largeur d'une 1/2 lieue. De là le poisson serait libre de divaguer vers le nord jusqu'à Montbéliard (lat. 47° 30' N). Si cependant on craignait l'altitude de 850^m du lac, le saut de 26^m du Doubs en aval de Saint-Point et les défilés subséquents, bien qu'ils présentent de larges évasements où l'eau est calme, on pourrait accorder la préférence au lac de Chalain, à proximité de Pontarlier et de Champagnolles. Ce dernier est encore à peu près à la même latitude que celui de Neuchâtel. De plus les altitudes étant pour Chalain 440^m, et pour Neuchâtel 435^m, ne diffèrent, comme on le voit, que d'une quantité insignifiante. Enfin, le lac de Chalain est également très-poissonneux; mais appartenant au bassin de l'Ain, on peut lui reprocher de conduire trop immédiatement au sud, et par conséquent d'être moins favorable que le précédent pour un début. Aussi, pour ne pas laisser des craintes exagérées au sujet de l'altitude du lac de Saint-Point, je ferai remarquer que les lacs jurassiques étant souvent alimentés par des eaux souterraines, sont par cela même quelquefois beaucoup plus chauds qu'on ne serait tenté de le croire. Du moins Saussure a été frappé de cette circon-

stance , quand il a observé que la température du lac de Joux,
dans sa plus grande profondeur , était de 10°,6 au milieu de
l'été, malgré sa hauteur d'environ 1,000 mètres au-dessus du
niveau de la mer , et jusqu'à présent rien ne démontre qu'il
n'en est pas de même à l'égard du lac de Saint-Point.

En suivant un système analogue à l'égard du sanders , ce serait évidemment par le Rhin qu'il serait nécessaire de le faire
arriver graduellement jusqu'à nous. Cependant son habitation
du lac de Schwalow , en Saxe, permet de supposer qu'on
lui trouvera quelque réceptacle égalitaire dans les Vosges,
dans le Jura , dans les montagnes Cévenoles, ou encore
dans quelques parties de nos Alpes.

Enfin, pour le *Gadus lotta*, il convient de se méfier de ses
stations orientales de la Hongrie et de l'Esclavonie. En effet ,
beaucoup d'animaux aquatiques d'espèces méridionales s'avancent plus loin vers le nord, et réciproquement d'autres espèces
septentrionales tendent davantage vers le sud, dans les régions
continentales de l'est que dans les contrées océaniques de
l'ouest européen. Cette indication ressortira de la manière la
plus nette comme conséquence des détails dans lesquels on
entrera par la suite, et elle dépend très-probablement de la
différence qui existe entre nos climats tempérés et les climats
excessifs. On peut supposer en effet que ces animaux, redoutant
généralement peu le froid qui ne fait que les engourdir pendant l'hiver, peuvent s'élever fort haut vers le nord. Par
contre , pour accomplir certains actes nécessaires à leur existence ou à leur propagation, il leur faut, à des époques déterminées de l'année, une somme indispensable de chaleur, et
celle-ci ne devant être que momentanée, les climats excessifs
peuvent très-bien la leur fournir pour le temps exigé. Dans
cette hypothèse, je regarde donc l'acclimatation d'un poisson
frayant au milieu d'hivers le plus souvent très-rudes, comme
devant exiger dans le choix des eaux un surcroît de précautions

qui ne seraient pas nécessaires au même degré pour le sanders,
par exemple, lequel dépose ses œufs en avril ou en mai. Au
surplus, des considérations du même ordre que celles qui ont été
émises relativement aux autres classes mentionnées jusqu'à présent, devant naturellement s'appliquer au *Gadus lotta*, il est
parfaitement inutile de s'appesantir davantage sur la question.
D'ailleurs à quoi bon se livrer à de plus amples observations au
sujet des tentatives actuelles de pisciculture? chacun ne sait-
il pas que pour construire un édifice il faut à l'architecte une
foule d'ouvriers, et de plus le temps pour achever son œuvre?
Or, ce concours et surtout ce temps ne sont plus guère à l'ordre
du jour, et ce que j'ajouterais de plus ne ferait pas modifier
les habitudes acquises.

II° Animaux aquatiques du bassin du Rhône.

A. Considérations générales sur les causes qui peuvent limiter le domaine de divers animaux aquatiques.

Les détails précédents ont en quelque sorte servi d'introduction à mes recherches, en ce sens qu'ils ont pu faire comprendre leur degré d'utilité. Il s'agit actuellement d'entrer
plus à fond dans la question du gisement des animaux aquatiques du bassin du Rhône, et à cet égard quelques observations générales ne seront pas hors de propos : car un travail,
pour prendre le caractère scientifique, ne doit pas se borner à la
confection de quelques listes de stations et d'animaux ; il doit
encore tendre autant que possible à faire naître la discussion au
sujet des causes plus ou moins énergiques qui peuvent maintenir
les espèces sur certains points, de préférence à d'autres. Eh bien !
à voir les choses de ce point de vue, des raisonnements bien
simples, basés sur les principes de la physiologie, feront immédiatement comprendre comment il peut n'être pas permis de
se jouer dans tous les cas possibles des lois de l'organisation.

Chacune des espèces du règne animal possède une température normale, et cependant capable de varier entre certaines
limites selon les temps et les circonstances. D'un autre côté,
il résulte des travaux de Lavoisier que trois régulateurs principaux gouvernent la machine animale. Ce sont d'abord la
respiration, qui fournit le calorique par la consommation de
l'hydrogène et du carbone ; puis la transpiration, qui restreint
la chaleur entre certaines limites ; et en dernier lieu la digestion, qui compense les pertes occasionnées par les deux fonctions précédentes. Enfin, les recherches de Kathlor ont encore
établi que, pour l'homme, le bain favorise l'absorption cuta-
née, s'il est frais relativement à sa normale, tout comme il
sollicite l'exhalation s'il est chaud. D'ailleurs, l'absorption
ainsi que l'exhalation augmentent à mesure que la température
s'écarte davantage de ce même degré normal.

Ces diverses indications sont évidemment applicables aux
animaux aquatiques en général. Ces êtres respirent, et quoiqu'ils aient été qualifiés du titre d'animaux à sang froid, il ne
faut cependant pas les regarder comme capables d'acquérir
exactement la température des milieux ambiants ; car, comme
l'a si nettement exprimé M. Becquerel, «partout où il y a vie,
il y a production de chaleur, par suite de la succession non
interrompue des réactions chimiques qui se produisent dans les
tissus organiques. »

Des expériences directes ont d'ailleurs établi les différences
suivantes entre l'atmosphère et quelques animaux d'un ordre
inférieur :

	Air.	Animal.	Différences.	Observateurs.
Grenouille . .	19°,25	20°,00	0°,75	Becquerel et
Crapaud . .	19,25	19,87	0,62	Flourens.
Testudo-mydas .	26,00	28,90	2,90	
T. geometrica .	16,00	16,90	0,90	J. Davy.
Id. . . .	26,60	30,50	3,90	
Couleuvre . .	28,30	32,20	3,90	

14

	Eau.	Animal.	Différence.	Observateur.
Truite commune	13°,30	14°,40	1°,10	
Requin . . .	23,70	25,00	1,30	J. Davy.
Poisson volant .	25,30	25,50	0,20	

A ces éléments on peut ajouter le fait très-remarquable observé par M. Valenciennes pendant l'incubation d'un Python élevé dans la ménagerie du jardin des plantes. La chaleur de ce serpent était alors tellement sensible à la main, que l'illustre professeur jugea à propos d'en examiner le degré.

La température de l'air extérieur ne s'élevait qu'à   20°,0
Sous la couverture qui abritait l'animal, elle montait à   26°,0
Enfin, au centre du cône formé par les replis du serpent placé sur ses œufs, le mercure s'élevait à. .   41°,0

D'où vient d'ailleurs cette habitude propre à certains poissons de s'agglomérer en troupes serrées pour résister aux froids des hivers? Évidemment ils obtiennent ainsi un accroissement de chaleur, et si je ne me trompe, l'instinct les porte à mettre en pratique ce que M. Regnault a réalisé dans l'expérience à la fois si simple et si concluante, à l'aide de laquelle cet ingénieux physicien démontra le fait de l'excès de température propre aux hannetons, par rapport à celle de l'atmosphère ambiante. En renfermant une certaine quantité de ces insectes dans un filet au centre duquel était placé un thermomètre, celui-ci indiquait 2° de plus que l'air.

Si donc l'expression d'animaux à sang froid n'a rien de rigoureux, on comprendra facilement que ceux-ci doivent aussi bien que l'homme subir l'influence du bain, au point que les importantes fonctions de la peau pourront éprouver des altérations de nature à compromettre leur santé, toutes les fois qu'ils n'auront pas été constitués de manière à posséder le don d'une certaine ubiquité.

L'état de stagnation ou de mouvement des eaux intervient d'ailleurs dans la question des températures. En effet, abstraction faite de l'homogénéité que la mobilité imprime à la chaleur d'un courant, on peut supposer qu'il doit encore en résulter des effets physiologiques, de nature à modifier ce qu'aurait produit le calorique réduit à sa plus stricte simplicité. On en jugera par l'exemple suivant que je puise dans un remarquable travail de M. le docteur Herpin :

Le lac Léman, près de Genève, passe chez les baigneurs pour procurer des bains tempérés ; les eaux du Rhône, immédiatement au-dessous de la ville, sont au contraire réputées froides et redoutées par cela même de plusieurs personnes qui s'imaginent que leur température est très-voisine du degré de la glace fondante. M. Herpin voulut constater l'inexactitude de ces idées.

Le 21 septembre 1843, par un beau soleil, le lac étant légèrement agité par la bise, la température aux *Eaux vives*, lieu spécialement recherché pour les bains particuliers, s'est trouvée à. . . . . 20°,2

La même observation répétée trente-cinq minutes après sur le Rhône, à 1,000 mètres en aval, près de l'endroit dit le *Pavillon*, a donné . . . . . 20°,0 c'est-à-dire une différence de 1/5 de degré seulement.

« Or les deux bains, indépendamment de cette inappréciable fraction, ne diffèrent évidemment que par le fait du repos des eaux du lac, en opposition avec le cours impétueux du Rhône, et dès lors on est amené à comparer ces effets à ceux des éventails, ainsi que des courants d'air en été, ou bien encore à l'influence si différente sur les organes, observée dans les régions polaires entre l'air en repos et l'air en mouvement. Seulement dans l'air il y a un élément de plus, qui est l'évaporation de la transpiration ; mais la grande capacité de l'eau, comparée à celle de l'air, fait plus que compenser l'absence de la première cause de refroidissement. Au reste, continue M. Herpin, il n'est pas besoin de longs commentaires pour faire comprendre comment un animal à sang chaud, plongé dans un milieu qui n'est pas un parfait conducteur, et qui est à une température fort inférieure à la sienne, doit en ressentir d'autant plus l'influence que les molécules en contact avec lui se renouvellent plus rapidement. »

J'ajouterai actuellement que des différences du même genre se manifestent à Lyon entre le Rhône torrentiel et la langoureuse Saône, en sorte qu'en définitive l'élément de la vitesse doit être considéré comme jouant un rôle dans les bains de rivières, et par conséquent dans tout ce qui peut concerner la distribution des animaux dans le sein des eaux. On objectera peut-être que les animaux à sang froid ne sont pas assujétis aux mêmes impressions que les autres; mais d'abord il a été suffisamment démontré combien est vicieuse l'expression consacrée pour les êtres d'un ordre inférieur. D'ailleurs, quand je considère l'ensemble des différences qui se manifestent entre les poissons des eaux stagnantes et ceux des eaux courantes, il me paraît bien difficile de supposer qu'il n'y ait pas sous ce rapport une certaine similitude entre les productions de toutes les classes. En général les poissons des étangs sont mauvais; on les fait dégorger, dit-on, dans une rivière; ceci peut n'être qu'une simple question de lavage à grande eau. Mais pourquoi recommande-t-on de ne manger que les lamproies prises dans les eaux courantes? Les carpes de la Loire et du Rhin ne sont-elles pas estimées parce que l'eau de ces fleuves est rapide? Pourquoi encore certaines rivières donnent-elles des carpes saumonées comme des truites? Quelle est la cause qui fait rechercher à la salamandre une flaque stagnante de préférence à un ruisseau? Qui porte le meunier à remonter contre les courants et les cascades, et à s'établir jusque sous le clapotis des roues des moulins? D'où vient enfin cette pratique des pêcheurs qui veulent ranimer leurs barbeaux mourants ou même en apparence déjà morts? Ils les soumettent sous le

robinet d'une fontaine; à une douche dont l'effet se fait bientôt
sentir ; si bien que le poisson, qui auparavant restait couché
sur le flanc, peut reprendre son élan. Sans doute toutes ces
indications ne constituent pas autant de faits parfaitement
arrêtés ; mais il n'en est pas moins vrai que les ichthyologistes
auront à en régulariser la théorie ainsi que les emplois.

Je n'entre pas ici dans une foule d'autres menus détails au
sujet des causes qui contribuent à échauffer ou à rafraîchir les
eaux courantes. Elles sont inégalement profondes, variées en
couleur, troublées dans leur transparence par des corpuscules
flottants, alimentées ou non par des nappes souterraines ; les
altitudes ainsi que les latitudes modifient aussi l'influence de la
radiation solaire. De là, autant de raisons en vertu desquelles il
se produit une absorption ou une réflexion spéciale des rayons
lumineux et calorifiques, un échauffement plus ou moins
rapide ou une égalisation de température. Ces particularités
feront l'objet de mes recherches sur la thermométrie des eaux
courantes, et je dois y renvoyer le lecteur pour ne pas allonger
indéfiniment cette notice.

D'ailleurs la chaleur n'est pas l'unique condition à laquelle
la vitalité des animaux aquatiques soit assujétie. Il faut aux
uns de l'eau aérée et bien battue, d'autres se contentent
d'un milieu croupissant ou chargé d'infusions organiques.
Cependant je ne puis me dispenser d'insister encore un moment sur les eaux stagnantes, parce que les températures y
sont essentiellement variables en raison de la profondeur.
L'eau d'un lac très-concave, par exemple, éteint successivement les rayons solaires, de manière qu'à la superficie il peut
se produire un fort échauffement, les abîmes restant très-froids.
C'est ce dont on a la preuve au sujet de divers lacs, et notamment pour celui de Genève qui, au milieu de l'été, a donné à
Saussure 20 et 25° à la surface, tandis qu'au-dessous d'un
certain niveau le thermomètre se maintient autour de 4°. On

conçoit facilement d'après cela que les lacs en question doivent
constituer une sorte de domicile aquatique, dans lequel des
poissons de diverses espèces, doués de tempéraments fort
différents, trouveront néanmoins leurs aises, chacun d'eux
étant libre de choisir l'étage qui satisfait le mieux aux condi.
tions de son bien-être. Il n'en sera pas de même à l'égard
d'une simple flaque, car ici les rayons solaires arrivent jusque
sur le lit qu'ils échauffent et par lequel ils sont répercutés, de
telle sorte que l'eau est attiédie, non-seulement par les effets
de la transmission directe, mais encore par les résultats indi-
rects de la réflexion et du contact. Par cela seul, il est déjà
évident que la population de ces demeures devra être moins
variée. D'ailleurs les effets du refroidissement hivernal s'y
trouvant bien plus prononcés que dans un lac dont la surface
ne gèle jamais, le réceptacle ne sera peuplé que par des êtres
organisés de manière à supporter tour à tour des extrêmes de
température. En d'autres termes, ces pellicules aqueuses seront
presque exclusivement la propriété de divers reptiles, de
certains annélides, ou de quelques poissons affectionnant les
eaux chaudes pendant leur état d'animation vitale, et se cachant ensuite prudemment dans la vase pour y subir leur
période d'engourdissement.

Aux causes précédentes les physiologistes ont ajouté les
influences de la pression barométrique et de la nature chimique des eaux. Il serait donc permis de faire ressortir dès à
présent les résultats de leurs expériences; mais, restreintes
comme elles le sont à quelques espèces, il me paraît plus à
propos de ne pas les séparer des autres détails concernant chacune d'elles en particulier. De cette manière on aura du moins
l'avantage d'introduire çà et là quelque diversité au milieu de
l'aridité inséparable des indications de gisements, et je suppose
que c'en est assez pour ne pas faire blâmer ma détermination.

Il me reste à faire observer que cette notice concerne spé-

cialement les animaux des eaux douces; cependant, à l'occasion, je ne me refuserai pas la liberté de transgresser cette
règle, quand cela pourra imprimer un plus grand degré de
généralité à mes indications; d'un autre côté on ne doit pas
s'attendre ici à un ordre parfaitement conforme à nos méthodes zoologiques. En effet, je n'ai pas la prétention de
m'astreindre à la rigueur du cadre d'un cours d'histoire naturelle complet, ce qui serait par trop présomptueux dans l'état
actuel de la science; la coordination des faits qui ont pu parvenir à ma connaissance est le seul objet que j'aie en vue pour
le moment.

B. Des reptiles en général.

Les reptiles ne sont nullement indifférents à la température
du milieu qu'ils fréquentent, et la preuve la plus directe se déduit
du phénomène général de leur hibernation. On doit encore savoir
qu'ils sont plus abondants que les animaux des autres classes
dans les régions équatoriales. Enfin, pour ce qui nous concerne
en particulier, on a remarqué que le département de l'Hérault,
dont la température moyenne monte à 14° possède environ
4/5es de la totalité des espèces européennes. On y a trouvé
entre autres, dans ses parties les plus chaudes, le *Seps
chalcides* (*Lacerta* ou *Seps chalcidica*, Linn.), qui est si éminemment caractéristique pour les pays méridionaux. Enfin,
autour de Toulon qui, étant encore plus au sud que Agde,
Béziers ou Montpellier, possède, d'après M. Becquerel, une
moyenne de 15°, le *Lacerta mauritanica* se montre sur les
vieux murs des campagnes et jusque dans l'intérieur des habi-
tations, tandis qu'il manque dans le Languedoc. Cependant,
malgré cette tendance générale à rechercher la chaleur, les
conditions thermiques spéciales à chaque espèce sont très-
variées, ainsi qu'on va le démontrer.

1° *Chéloniens.*

Les tortues d'eau douce se maintiennent généralement dans les rivières des pays chauds, telles que celles de la partie sud du Nord-Amérique et de l'Inde. On les trouve dans l'Euphrate, dans le Nil, ainsi que dans quelques rivières de l'Algérie où elles passent leur vie en partie dans l'eau, en partie sur terre, restant d'ailleurs engourdies pendant l'hiver, et pouvant même demeurer enfouies dans la vase sans prendre de nourriture pendant six mois.

Dans nos départements méridionaux du Var, des Bouches-du-Rhône et de l'Hérault, on distingue deux espèces de tortues d'eau douce, savoir : l'*Emys lutaria* (LINN.) et l'*E. orbicularis* (LINN.), *Europea* (SCHN.). Cette dernière est rare en France; l'autre, qui est vulgairement connue sous le nom de *tortue bourbeuse* ou *boueuse*, est au contraire commune dans les marais du Languedoc et de la Provence. Vers la fin de l'automne, elle commence à préparer sa retraite ou son trou au fond duquel elle tombe bientôt dans un état de léthargie, qui cesse au retour de la belle saison; on la voit donc réapparaître au printemps qu'elle passe en grande partie dans l'eau, venant d'ailleurs souvent à la surface surtout quand le soleil luit. Elle demeure plus habituellement à terre durant l'été, et en cela elle est imitée par ses congénères algériennes que l'on trouve en telle quantité sur les berges du Safsaf, que celles-ci en sont, dit-on, comme pavées. Au surplus, en Provence, dans certaines années, on a vu une abondance non moins extraordinaire, car un marais des bords de la Durance fournit une si grande quantité de ces reptiles que, pendant trois mois environ, les paysans du voisinage ont pu s'en nourrir. Actuellement, il est vrai, la mise en culture de ces flaques d'eau en a tellement réduit le nombre sur le trajet du canal d'Arles à Bouc, qu'on ne rencontre plus ces émys que dans des espèces de puits naturels où l'eau, s'élevant à fleur de terre, se maintient durant toute l'année à une température à peu près égale. Cet appauvrissement a déterminé récemment un propriétaire de la Camargue à faire une tentative de conservation. Après avoir dessalé les lagunes de son territoire par le moyen de l'introduction des eaux fluviales, il fit déposer, dans ces marécages transformés, une vingtaine de petites tortues pesant chacune environ 50 grammes. Au bout de trois années elles ont multiplié, et de plus le poids de plusieurs d'entre elles s'est élevé à environ un 1/2 kilog., en sorte qu'il avait décuplé. Il serait donc à souhaiter que cet essai ne soit pas négligé, car la chair de la tortue d'eau douce est non-seulement nourrissante, mais encore, comme on vient de le voir, elle n'est pas à dédaigner au moins dans nos pays. Cependant il n'en est pas de même à l'égard de l'émys des environs de Philippeville et de La Calle, qui passe au contraire pour être douée d'une odeur vireuse très-repoussante.

Lyon possédait autrefois ces mêmes tortues bourbeuses dans les mares de la presqu'île de Perrache, et elles existent encore dans les étangs de la Bresse et de la Dombes ; mais elles ne remontent pas plus haut vers le nord ; du moins il n'en est plus question pour les départements du Doubs et de la Côte-d'Or.

Ces émys sont communes aux environs de Bordeaux et dans le bassin de la Loire. Mon collègue, M. Hénon, les a également trouvées aux environs de Moulins sur les bords de l'Allier. En réunissant cette dernière donnée à celle qui concerne la Bresse, on arrive à considérer la ligne de la Seille à l'embouchure de l'Allier, ou le 46° 1/2 de latit. N, comme formant sa barrière naturelle, soit dans le bassin du Rhône, soit à proximité. Cette démarcation est à peu près tracée par l'isotherme de 11° de M. Ed. Becquerel, et, tout en fixant cette limite, je ne dois pas omettre de faire observer que la tortue bourbeuse aussi bien que la tortue orbiculaire, bien qu'elles doivent supporter difficilement des climats très-rigoureux, s'avancent bien plus loin au nord, en Hongrie, en Pologne et en Silésie, car les pêcheurs en trouvent souvent au milieu de leurs filets dans la rivière de Bartha. Ces pays sont à peu près sur l'isotherme de 10° de M. de Humboldt, et la cause probable de l'extension en question a déjà été indiquée quant à l'occasion du *Gadus lotta*. J'ai dû faire ressortir la différence qui peut exister entre les climats continentaux et les climats océaniques; il ne me restait donc plus qu'à saisir cette nouvelle circonstance pour donner une plus grande généralité à mon premier énoncé. On remarquera d'ailleurs que la loi de prédominance des tortues d'eau douce dans les pays chauds ne doit pas être prise dans un sens trop absolu; en effet, parmi les autres espèces, la *tortue géographique* habite le lac Érié, et la *tortue Pensylvanique* fréquente, dit-on, toute l'Amérique septentrionale.

J'ai mis à profit mon passage en Algérie, pour prendre quelques températures des eaux dont l'espèce du pays fréquente les bords. C'était à la fin d'octobre et au commencement de novembre 1852, époque à laquelle on ne la rencontrait plus dans les rivières du littoral de la province de Constantine. Voici d'ailleurs les indications les plus essentielles parmi celles que j'ai recueillies :

	Eau.	Air.
1852, 27 oct., à 10 h. m. par un ciel pur, le Safsaf près de St-Charles	17°,1	23°,0
Id., 1er nov., à 10 h. m., l'Aïn Kerma (Fontaine du Figuier), près du Kef-oum-Theboul, aux environs de La Calle.	18°,2	21°,0
Id., 3 h. 1/2 s., id. id.	20°,0	20°,2

Alors le Safsaf était complétement dégarni de ses tortues. Quant à la source du Kerma, elle constitue un petit bassin assez profond, imparfaitement abrité par un frêne qui a remplacé l'ancien figuier auquel elle doit son nom, et l'on y voyait des grenouilles ainsi qu'une tortue qui se cachait dans l'eau. Il résulte donc de ces données que ce dernier reptile ne s'engourdit qu'à partir du moment où la température du milieu s'abaisse au-dessous de 18°. Cependant cette indication mérite d'être développée plus amplement, car il ne faut pas perdre de vue qu'en Afrique les rivières se refroidissent fortement sous l'influence d'un rayonnement nocturne dont l'intensité est singulièrement favorisée par la pureté du ciel. La source, au contraire, en vertu de son alimentation spéciale, n'est pas assujétie à des variations diurnes aussi prononcées, et c'est probablement à cette cause qu'il faut attribuer l'état vivace de la tortue de l'Aïn Kerma, dans un moment où les autres sont déjà engourdies plutôt par le froid des nuits qu'en vertu de la température moyenne de la saison.

Une autre source, placée au pied méridional des dunes voisines du camp du Kef-oum-Theboul, m'a présenté une circonstance encore plus remarquable que la précédente. Cette source est établie dans le lit d'un ruisseau qui était à sec au moment de mes explorations, et elle suintait assez faiblement pour entretenir à l'état demi-liquide une petite mare à fond de vase grise. Celle-ci, parfaitement exposée au soleil, laisse exhaler une odeur prononcée d'acide sulfhydrique, provenant soit des réactions déterminées par l'influence de l'irradiation solaire, soit en vertu d'une cause purement originelle. Cependant M. le docteur Labouysse, qui a étudié, sous le point de vue de l'histoire naturelle, toutes les localités des environs du camp, m'a assuré qu'elle contient des tortues, pour le moment enfouies dans le limon.

Le thermomètre m'a donné les températures suivantes :

3 nov. 1852, à 3 h. soir.	Air à l'ombre	25°,0
	Mare à tortues.	23°,0
	Oued-el-Eurq, fort ruisseau du voisinage .	20°,8
	Sources pures et limpides sortant en divers points du sable des dunes voisines . .	21°,2 19°,5 21°,3

Ici donc, les tortues ont encore fait choix d'une station chaude pour hiverner, et il est à croire que c'est simplement le manque d'une quantité d'eau suffisante qui les aura portées à s'enfouir. Cette habitude est inhérente à divers reptiles des pays intertropicaux, comme par exemple aux caïmans, qui ne sortent de ces retraites qu'au moment où l'hivernage vient leur rendre les eaux dont ils ont été privés pendant les torréfactions de la saison sèche.

Les personnes qui ont connaissance des récentes observations de M. Burtt, au sujet de la destructive influence exercée sur les poissons par les émanations momentanées de l'hydrogène sulfuré dans la baie de Callao, comprendront sans doute plus difficilement comment les tortues de la mare du Kef échappent à l'action de cet agent. C'est qu'il ne faut pas perdre de vue que ces reptiles paraissent jouir de la propriété de résister à la privation de l'air à un bien plus haut degré que la plupart des autres animaux aquatiques. Du moins la tortue terrestre peut subir à cet égard les épreuves les plus rudes. Le célèbre Méry ayant fortement serré les deux mâchoires à deux de ces reptiles, et ayant de plus scellé leur nez ainsi que leur bouche avec de la cire à cacheter, vit l'une d'elles vivre trente-un jours et l'autre trente-deux jours. Il enleva à une troisième le plastron qui lui tient lieu de sternum, de manière à la mettre dans l'impossibilité de respirer; cependant elle vécut encore sept jours. La tortue résiste également au vide de la machine pneumatique, ainsi que dans l'air qui n'est plus respirable. Bien plus, un de ces reptiles plongé dans l'huile, qui, n'absorbant pas d'air, étouffe immédiatement tous les insectes, n'y périt pas au bout de six heures. En le maintenant ensuite pendant vingt-quatre heures dans le même liquide, il revint à la vie pour vomir une grande quantité d'huile, et il vécut encore pendant une journée après avoir subi ce rude traitement.

Je ne quitterai pas le chapitre de ces tortues sans avoir fait

remarquer un passage du *Dictionnaire d'histoire naturelle* de
Deterville, dans lequel il est dit que les émys dont la consommation se trouve à Paris proviennent de la Provence. Cette
assertion est évidemment erronée, car ces reptiles, quoique
comestibles, ne sont pas très-recherchés. D'après les renseignements qui m'ont été fournis avec une extrême obligeance
par M. Barthélemy Lapommeraye, conservateur du Muséum
de Marseille, l'indication précédente doit se rapporter à une
tortue terrestre. En effet, les marchands-naturalistes de Marseille nourrissent, pour être envoyées à Paris ou ailleurs, la
tortue mauresque (*T. mauritanica*), qui leur arrive de l'Algérie, et la tortue de terre commune ou tortue grecque (*T.
græca*), qu'ils reçoivent de l'Italie, de la Sardaigne et de la
Grèce. Cette dernière se reproduit facilement dans les jardins,
et l'une comme l'autre, à leur arrivée, sont rafraîchies pendant quelque temps dans l'eau avant d'être expédiées. C'est
probablement cette précaution qui aura fait naître la confusion
avec les tortues aquatiques.

Appendice.

B. Tortue marine.

La Méditerranée renferme deux tortues qui sont la tortue
Luth (*Siph. mercurialis*), et la tortue caouanne (*Chelonia
caouanna*). La première, qui est d'une très-grande taille, va
pondre ses œufs dans les sables des côtes de la Barbarie; elle
fréquente aussi le littoral de la Grèce, et sa carapace servait,
dit-on, aux anciens pour soutenir les cordes de la lyre; cependant elle a été prise quelquefois à Frontignan ainsi qu'à Cette.
Enfin on la rencontre sur les parages de l'Afrique, du Mexique et du Pérou, appartenant à la zone torride.

La caouanne habite plus spécialement les rivages de la
Corse et de la Sardaigne, surtout ceux des environs de Ca-

gliari , vers le 41ᵉ degré de lat. N , où elle est presque séden-
taire , et où l'on en prend du poids d'environ 200 kilog. Quelques-unes s'avancent néanmoins dans l'Océan auprès des
Açores et jusque dans les contrées chaudes du nouveau conti-
nent.

Les autres espèces de tortues marines, telles que le carret et
la tortue franche , se maintiennent généralement plus au sud
dans les régions intertropicales ; mais il n'en est pas moins
vrai que l'on voit de temps à autre quelques grands chéloniens
du golfe du Mexique , le carret et la tortue franche ,. arriver
jusqu'à la Rochelle , à Dieppe , aux Orcades et même dans la
Baltique. Cette circonstance détermina M. Laborie , en 1771,
à émettre l'idée d'une acclimatation de ces reptiles.

A cet effet , il demandait que chaque bâtiment revenant d'A-
mérique fût soumis à l'obligation de rapporter un certain nombre
de tortues franches pour peupler les côtes de France. La chaleur
solaire lui paraissait d'ailleurs suffisante pour déterminer l'éclosion des œufs, d'autant plus que les essais devaient s'effectuer de
préférence sur les bords de la Méditerranée ; il espérait éviter
ainsi l'effet des marées qui , étant beaucoup plus considérables
sur notre littoral océanique qu'en Amérique , pouvaient par
cela même nuire à cette reproduction. M. Laborie supposait
encore que le Gouvernement accueillerait avec empressement
sa proposition ; il ne fut pas même écouté ; et si j'ai relaté ici
ces détails , c'est surtout dans le but d'établir que depuis longtemps les idées au sujet de la multiplication des animaux
aquatiques , dans notre patrie , étaient passablement arrêtées.
Cependant je dois saisir cette occasion de faire remarquer que
l'on pourrait être tenté de croire qu'en reprenant en sous-
œuvre la pensée de M. Laborie, on aurait actuellement des
chances bien autrement favorables en mettant à profit les
plages désertes , basses et sablonneuses de diverses parties du
littoral algérien, où le pied des dunes fournirait aux tortues des

hauteurs suffisantes pour placer leurs œufs à l'abri des flots soulevés par les vents du N et du NO. D'ailleurs, pour mettre à même de juger, au moins approximativement, du degré de chaleur que doit atteindre le sable durant l'été, je rappelerai une observation faite à midi, le 3 novembre 1852, au camp du Kef, pendant une belle journée absolument pure, sauf une apparition matinale de quelques cirrhus. Ce jour, le thermomètre à mercure m'a donné :

A l'ombre	23°,0
Au soleil, sans enveloppe. . . .	29°,0
Au soleil, après avoir été entouré d'une bande d'étoffe noire . . .	37°,3

Que l'on porte actuellement ces élévations de 29 et de 37° au milieu de l'été, où le soleil approchant de la verticale, le thermomètre à l'ombre est moyennement à 26°,8, et l'on accordera sans doute que la température du sable peut atteindre à une moyenne d'environ 36 à 40°.

Mais il s'agit aussi de tenir compte des températures de la mer, et à l'égard de celles-ci je ferai d'abord remarquer que les expériences de M. Aimé ont donné des variations diurnes très-faibles, car il a trouvé à Alger :

	Janvier.	Juillet.
7 h. m.	14°,22	21°,22
4 h. s.	14°,52	22°,13
d'où différences seulement de.	0°,30	0°,91

De mon côté, pendant une belle traversée faite en octobre 1852, j'ai pu remarquer l'égalité très-prononcée qui existe sur une grande étendue de la surface de cette mer. Voici la progression :

Dates.	Stations.	Heures.	Air.	Mer.
23	En vue des côtes de France	3 1/2 s.	18°,0	18°,9

Dates.	Stations.	Heures.	Air.	Mer.
24	En pleine mer	6 m.	20°,0	20°,1
		midi	21°,3	21°,0
		4 s.	20°,5	20°,8
25	A l'approche des côtes d'Afrique	midi	21°,3	22°,0
	En vue de Stora.	3 1/2 s.	23°,0	22°,1
	Dans la rade de Stora . . .	4 3/4 s.	22°,1	22°,0
28	Port de Bône	7 m.	19°,0	22°,0
	Golfe de Bône	5 1/4 s.	22°,0	22°,2
29	A proximité de La Calle . .	10 m.	21°,8	22°,2

Jusqu'ici donc rien ne paraît devoir nuire aux tortues. Cependant les faits se présentent sous une autre face du moment que l'on tient compte des variations annuelles. En effet, M. Aimé a observé que celles-ci présentent les différences moyennes suivantes, à 1 kilomètre en dehors du port d'Alger :

	Différence.			Différence.
Hiver 14°,4	7°,8	Printemps 15°,5		5°,1
Eté . 22°,2		Automne 20°,6		

D'un autre côté, on nous dit que de l'été à l'hiver les températures atmosphériques varient entre Cumana et Alger dans les rapports suivants :

	Alger.	Cumana.
Moyenne de l'été . . .	26°,8	28°,7
Moyenne de l'hiver . .	16°,4	26°,8
Différences. . . .	10°,4	1°,9

D'où il faut nécessairement conclure que les températures atmosphériques sont beaucoup moins variables dans les régions intertropicales que dans l'Algérie ; et celles de l'eau n'étant qu'un reflet de celles de l'air, il s'ensuit sans doute que la mer doit posséder une chaleur à peu près uniforme à la zone torride. D'un autre côté, le relevé d'une quinzaine d'observations mentionnées dans l'*Annuaire* du Bureau des longitudes,

donne pour cette même chaleur 28°,5 , hiver et été confondus ; et comme on vient de voir qu'en Algérie l'été ne fournit que
22°,2 ; il s'ensuit que la mer voisine diffère en cela d'environ
6°,3 au moins par rapport à l'Océan sous la zone torride. A ces
prémisses on doit ajouter le changement de nourriture qui pourrait bien jeter dans les habitudes des chéloniens une perturbation
assez profonde , pour que même de jeunes individus puissent
s'en trouver affectés. Mais c'est surtout le moment de la ponte
qui paraît devoir être essentiellement critique , car ces animaux
tendent alors à s'écarter au loin pour chercher des stations
convenables. L'île de St-Vincent appartenant au groupe du cap
Vert est regardée comme étant la plus septentrionale parmi
celles où les tortues marines vont pondre. Elles paraissent
en outre accorder la préférence aux îles des Caïmans (*las
Tortugas*) dans la mer des Antilles, et à celle de l'Ascension ,
au milieu du sud-atlantique ; pour y arriver , ces chéloniens
font des trajets de 100 à 300 lieues, en venant soit de la partie
méridionale de Cuba , soit des côtes africaines du Congo. Dès
lors , pourquoi ne pas craindre quelque nécessité du même
genre chez nos élèves algériens? L'émigration leur serait d'autant plus facile que les trajets de 700 à 800 lieues sont
choses familières à ces tortues, et dans le cas présent il leur
suffirait de se laisser guider par la simple sensation d'une
chaleur sans cesse croissante pour retrouver la mère-patrie qui
leur a été concédée par la Providence.

2° *Batraciens.*

C. Crapauds aquatique et terrestre.

Le crapaud aquatique, *crapaud sonnant* (*Bufo bombinus* ,
Daudin), jouissant de la respiration aérienne, n'exige pas indis-
pensablement un liquide contenant de l'oxigène en dissolution.
Il peut donc habiter les eaux croupissantes , les marais fan-

geux, sujets aux émanations de l'hydrogène proto-carboné, ou
des autres gaz qui sont le produit d'une fermentation activée
par l'exposition à l'irradiation solaire dont ce reptile recherche l'influence. Il ne redoute même pas les marais salins, et
il ne s'échappe quelquefois de l'eau que pendant les brûlantes
soirées de la canicule. D'ailleurs ce reptile s'enfonce jusqu'à 2
et 3 mètres de profondeur dans la vase des mares sujettes à
être entièrement gelées en hiver. Incontestablement plus
frileux que la grenouille, il sort beaucoup plus tard qu'elle de
sa retraite hivernale. Son apparition a lieu, par exemple, à la
fin d'avril ou au début du mois de mai, dans les années et dans
les stations où la grenouille s'est déjà accouplée à la mi-février;
on admet même qu'il ne se livre ordinairement à la reproduction qu'au mois de juin. De pareilles habitudes doivent nécessairement faire de ce reptile un animal des régions basses et
des pays chauds; il est, en effet, plus fréquent dans l'Europe méridionale que vers le nord; par la même raison, il ne doit pas
s'élever à de grandes hauteurs au-dessus du niveau de la mer;
mais la limite de son extension dans l'un ou l'autre sens n'est
pas encore précisée.

Le crapaud terrestre (*Bufo vulgaris*) manifeste le même
caractère impressionnable que son congénère aquatique. Épicu-
rien du bas-étage, mais soucieux au plus haut degré de son
bien-être, il se tient habituellement parmi les décombres,
sous une pierre, au milieu d'un arbre carié. Creusant encore
un trou, à la manière des taupes, soit au pied d'un fraisier ou
d'autres touffes végétales dont il aime l'odeur, soit dans les
celliers, dans les caves et dans les étables, il se tuméfie à l'aise
dans ces gîtes dont il élève la température, et où il demeure à
l'abri des vents coulis, de l'ardeur du soleil ainsi que des variations brusques de température. Pendant l'hiver il s'y réunit en
troupes quelquefois assez nombreuses. En été, ses sorties ne s'effectuent que par intervalles et quand il sent le besoin de se livrer

à la chasse, car il faut à cet objet de dégoût la chair fraîche
d'une proie vivante. Dans le but de faire ses captures, il choisit
de préférence la fin des pluies d'orage ou bien les soirées, dont
la rosée attiédit l'influence en lui fournissant l'humidité nécessaire à sa nature amphibique. Il résulte d'ailleurs des observations de M. Knight qu'il peut supporter dans les serres une
température de 50°,4, et dans ce cas ses fonctions digestives,
exaltées apparemment par une transpiration abondante, lui
font déployer une singulière activité dans la poursuite des
insectes nuisibles aux plantes. C'est sans doute aussi pour
remédier à la déperdition exhalatoire qu'il se rend, pendant les
chaleurs, dans les bourbiers et même dans les étangs.

Il s'accouple en mars et avril dans l'eau ou quelquefois
sur terre, et, d'après Swammerdam, il demeure dans cet état
pendant quarante jours : ce qui peut être vrai pour les pays
froids; mais dans notre climat la durée en question se réduit à
huit ou dix jours. Les œufs qui demeurent hors de l'eau pendant quelques jours perdent la faculté de se développer,
quoique d'un autre côté Spallanzani ait constaté qu'il n'y a
point d'arrêt dans le développement, quand même la température de l'air s'abaisse à 7°,5 au-dessus de zéro.

Ce reptile ne s'élève dans les environs de Nice que jusque
sur le sommet des collines subalpines, et dans les régions
basses il s'étend au moins depuis le Languedoc jusqu'en Angleterre.

D. Grenouille aquatique.

Leste et agile, jusqu'à un certain point indifférente aux
températures, la grenouille aquatique (*Rana esculenta*) forme
avec le crapaud un contraste tellement remarquable qu'il a
déterminé les naturalistes à procéder avec un certain soin à
l'analyse des propriétés physiologiques de notre nouveau batracien.

Redi a constaté qu'il doit être rangé parmi les animaux les plus capables de résister à l'épreuve du vide. Après les premiers coups de piston, la grenouille cherche d'abord à s'échapper en sautant ou en grimpant le long des parois du récipient, son corps s'enfle considérablement, et elle reste pendant plus d'une heure dans cet état d'expansion. Au bout de trois heures elle paraît morte, mais abandonnée pendant la nuit au milieu de l'herbe d'un jardin, elle reparaît le lendemain encore pleine de vie. Cependant son degré de résistance à l'égard du vide absolu est moindre que celui de la tortue, car la grenouille meurt en moins d'une heure par suite de son immersion dans l'huile, et cette circonstance est facile à concevoir de la part d'un animal qui doit nécessairement trouver dans une plus grande consommation d'oxigène atmosphérique le moyen de subvenir à la vivacité de ses mouvements. Cuvier avance même que dans la belle saison, il suffit de quelques minutes pour faire périr la grenouille en lui maintenant la bouche ouverte de manière à l'empêcher de respirer.

Dans le cours de ses recherches sur l'asphyxie des batraciens, M. Edwards s'est encore assuré que la grenouille noyée dans le sable ou renfermée dans du plâtre, peut résister beaucoup plus longtemps que quand elle est exposée simplement à l'air; il a reconnu également que la mort est plus prompte dans le vide que dans l'eau. Ces divers effets s'expliquent par la facilité avec laquelle l'évaporation et par suite la transpiration s'effectuent dans l'air ou dans le vide, tandis que le sable, le plâtre et l'eau sont autant d'obstacles à cette déperdition; aussi, dans quelques-uns de ces cas, la mort arrive plus ou moins promptement par suite d'une dessiccation qui réduit le reptile à l'état de momie. D'ailleurs quoique la grenouille appartienne à l'ordre des animaux aquatiques, il ne s'ensuit en aucune manière que l'eau n'exerce pas sur elle une action délétère. En effet, M. Duméril a trouvé près de Sceaux quelques-uns de ces batraciens qui vivaient à l'air dans une glacière, mais qui moururent dès l'instant où ils furent plongés dans le liquide. Il faut donc en conclure que l'atmosphère joue un rôle très-remarquable dans la vie de ces animaux.

Considérées sous le point de vue plus spécial des températures, les grenouilles peuvent vivre assez longtemps dans les eaux congelées, car il n'est pas rare d'en trouver en été au milieu des morceaux de glace qui ont été conservés dans les glacières. On peut même successivement, et avec assez de promptitude, les ramener dans l'état de torpeur ou dans celui de réveil, et réciproquement, en leur faisant subir alternativement les influences du froid et de la chaleur. Bien plus, Gleditsch est parvenu au milieu des hivers de la Prusse, à remplacer la chaleur du printemps à l'aide d'une température artificielle, de manière à faire sentir à ces batraciens le besoin de la reproduction; mais l'épuisement produit par le défaut de nourriture, comme aussi la brusquerie des sensations, ne tardèrent pas à les faire succomber.

Je saisirai cette occasion pour rappeler d'anciennes expériences faites sur les grenouilles ainsi que sur leur frai, pour connaître la chaleur qu'ils peuvent supporter. Les œufs, après avoir été soumis à une température de 43°,75 sont restés féconds comme ceux qui n'avaient pas éprouvé ce traitement. Quelques-uns ont souffert à 50°,0; très-peu ont résisté à 56°,25, et tous périrent à un degré plus élevé. Toutefois, le développement du germe ne fut pas plus accéléré chez les œufs échaudés qu'il ne l'a été à l'égard de ceux qui avaient été maintenus en dehors de l'expérience.

Les grenouilles traitées de la même manière sont mortes dans l'eau à 43°,75. On sait cependant qu'il en est qui vivent dans des bains dont la température est de 46°,25; peut-être est-ce parce qu'elles y sont habituées dès leur naissance; peut-être encore est-il des espèces capables de supporter plus que d'autres des températures élevées. En tous cas, on voit que l'œuf résiste mieux à la chaleur que l'animal, et il est permis de supposer que cette différence peut provenir de ce que son organisation ou sa *vie* est moins développée.

Laissons actuellement de côté ces expériences au sujet de la ténacité vitale et de la faculté de supporter à un haut degré l'engourdissement hivernal, pour examiner plus spécialement ce qui arrive dans la vie ordinaire du reptile.

Suivant Valmont de Bomare, il s'accouple en juin, tandis que Razoumowsky a vu, en 1788, et dans les environs de Lausanne, les grenouilles se livrer au travail de l'accouplement déjà avant le milieu du mois de février ; ces différences obligent naturellement à admettre que l'état des saisons exerce la plus grande influence sur l'époque de cet acte essentiel. Il faut encore ajouter ici l'observation faite par Spallanzani au sujet de la durée, qui est en rapport direct avec la température atmosphérique. Si celle-ci est forte, l'œuvre se termine au bout de cinq à six jours ; si au contraire l'air est froid, elle peut continuer pendant huit, neuf et même dix jours. Razoumowsky a même constaté que ce terme peut se prolonger beaucoup au delà, car il a gardé des grenouilles qui sont demeurées accouplées depuis le 14 février jusqu'au 22 mars.

Les flaques en partie stagnantes, en partie fluentes se prêtent surtout à des études au sujet de la prédilection de la grenouille pour la chaleur, car ces eaux présentent de grandes différences dans leurs températures d'un point à un autre. Par exemple, un réservoir traversé par un ruisseau provenant d'une source voisine, peut se trouver maintenu à un degré à peu près constant dans le courant, tandis que dans les parties immobiles, ce degré est beaucoup plus assujéti aux influences atmosphériques ; c'est-à-dire qu'en hiver celles-ci seront froides, du moins comparativement à l'autre. Eh bien ! l'instinct, ou, si l'on préfère, le besoin de la chaleur fera choisir aux grenouilles précisément le courant à température peu variable pour y déposer leur frai, et cette précaution ne sera pas toujours inutile. J'ai vu, par exemple, auprès de St-Cyr-au-Mont-d'Or, le 14 mars 1852, les parties stagnantes d'un petit réservoir devenir solides à la suite d'un refroidissement nocturne; mais le frai, placé au chaud, dans un courant à 9°,0 n'avait rien à risquer de la gelée printanière.

Je puis encore citer l'exemple suivant au sujet des influences que la température exerce sur les grenouilles.

Le 20 mai 1852, vers midi, par un ciel cirrheux, un soleil pâle, la brise étant incertaine et le temps en apparence très-chaud, je me promenais au pied du cap de Trévoux, à côté d'une longue mare herbeuse formée à la suite d'un endiguement destiné à régulariser la courbure de la Saône. Cette mare, assez large à l'aval, s'effile graduellement vers le haut, où elle reçoit les eaux de la Saône par infiltration latérale au travers de la digue, tout comme si elle était alimentée par une véritable source.

Cette mare contenait des grenouilles dans toute son étendue ; mais tandis qu'à l'amont celles-ci observaient un morne silence, en aval on était assourdi par le bruyant concert de mille coassements discordants. Voulant connaître la cause de ce contraste simultané de gaité et de torpeur je plongeai le thermomètre dans les diverses parties de la nappe d'eau.

La température à l'aval s'élevait à .   20°,5 } l'air étant
A l'amont elle ne montait qu'à.   .   15°,2 } à 18°,5

Il me semble d'après cela qu'il est permis de comparer la situation de ces reptiles à celle d'une réunion de baigneurs, dont les uns prennent leurs ébats dans une eau tempérée, à côté d'autres qui se morfondent dans la cuve froide d'un docteur hydrothérapique. En tous cas, il y a là un avis à l'adresse des amateurs qui s'imaginent trouver dans les grenouilles, dans les sangsues, etc., autant de météoroscopes infaillibles. Une simple différence de 5° dans les températures de la même eau a suffi pour déranger leurs indications dans les circonstances atmosphériques de cette heure de la journée. Quelle est d'ailleurs la portée de pronostications dont il résulterait, suivant les uns, que les cris des grenouilles sont d'autant plus forts que le temps est plus disposé à l'orage, tandis que d'autres veulent que des coassements intenses présagent la cessation des pluies? Au fond, il est à supposer que chacun a raison, car il peut se faire, dans l'un comme dans l'autre cas, que l'exubérante hilarité de ces animaux soit provoquée par l'influence de cette chaleur humide qui devance les orages, et qui annonce aussi bien le retour du beau temps.

Il ne me reste plus qu'à passer en revue les diverses stations où la grenouille a été rencontrée. Les détails qui précèdent ont dû faire comprendre qu'à l'inverse de celles du crapaud, elles doivent être très-variées. En effet, aussi bien que le crapaud commun, la grenouille aquatique se montre en Algérie où je l'ai trouvée très-vivace, encore le 21 novembre, dans des ruisseaux dont la température était alors de 13°,2. Elle occupe d'ailleurs toute la surface de la concavité du bassin du Rhône, depuis les marais salés des bords de la mer dans le département du Var, où elle apparaît toute l'année, jusque vers Porrentruy et Belfort. De là, on peut la suivre de proche en proche jusque dans la Laponie suédoise, qui la possède encore, d'après Hagestroëm.

Dans nos pays elle s'élève sur les hauteurs, changeant quelque peu de caractères, de manière que Risso veut faire de la grenouille des lacs alpins méridionaux une espèce distincte, sous le nom de *Rana alpina*, de même qu'il admet une *Rana maritima* pour les marais du Var; mais jusqu'à présent ces distinctions ne me paraissant pas plus fondées que celles qui résulteraient des différentes maculations de la peau des truites, je ne juge pas à propos de m'y arrêter plus longtemps. Dans les montagnes lyonnaises, la grenouille vit à peu près partout où il y a des eaux courantes, dans la Brevenne, dans l'Izeron, près des sources de la Coize, et jusqu'à des altitudes de 8 à 900 mètres. Le Jura en contient depuis le lac de Nantua (alt. 465^m) jusqu'à ceux de Joux (alt. 1,000^m), et peut-être plus haut encore. Elle est d'ailleurs assez commune dans ces montagnes pour que les habitants lui fassent une chasse active, afin de l'utiliser en qualité de comestible.

Ce batracien monte également à de grandes hauteurs dans les Alpes : il abonde non-seulement dans les étangs de la vallée du Drac près d'Aspres-lès-Corps (alt. 770^m), mais encore au milieu des flaques d'eau stagnantes voisines du Rhône, près d'Oberwald dans la vallée de Conches en Valais (alt. 1,365^m) ; peut-être le trouverait-on dans la petite plaine des sources du Rhône (alt. 1,755^m). La station la plus élevée qui ait été indiquée jusqu'à présent est celle du lac d'Onsay, près du pic du Midi, dans les Pyrénées. D'après Ramond, il y vit à la hauteur de 2,313^m au-dessus du niveau de la mer, et dans une eau qui demeure couverte d'une glace épaisse pendant six mois de l'année. Cette élévation étant moindre que celle du lac du G^d St-Bernard (alt. 2,490^m), dans lequel on n'indique aucun animal aquatique, doit par conséquent exprimer à peu de chose près la limite extrême du domaine de ce reptile.

E. Salamandre aquatique.

La salamandre aquatique, ou *Triton crêté*, semble en quelque sorte constituée de manière à former un trait-d'union entre la grenouille et le crapaud. Aussi lente dans ses mouvements que ce dernier, elle affectionne de même les vieux fossés, les eaux croupissantes, limoneuses et fortement échauffées ; cependant il existe un point d'altération où elle quitte la place,

à moins d'y périr. D'un autre côté , le triton peut également
être cité parmi les habitants des eaux vives et peu profondes.
Il présente à peu près la même somme de résistance contre
l'asphyxie que la grenouille , et il ne cède pas plus que celle-
ci à l'action engourdissante de la glace dans laquelle il est
empâté. Ce reptile passe d'ailleurs presque toute sa vie dans
l'eau , changeant de couleur avec l'âge et la saison , ce qui a
fait supposer l'existence de plusieurs espèces.

C'est probablement en vertu de ses propriétés complexes
qu'on voit la salamandre prendre son quartier d'hiver de très-
bonne heure , au mois d'octobre , quand la température de
l'air se maintient encore à 12°,5 , tandis qu'elle se montre
très-hâtive avant le retour du printemps, signalant son apparition au milieu du mois de février, quoiqu'il gèle pendant
toutes les nuits.

En qualité d'animal sensible au confortable, cet urodèle
accompagne le crapaud dans nos marais bas, depuis ceux
de Nice , de la Provence et du Languedoc , jusqu'à ceux
des départements septentrionaux du Doubs et de la Haute-
Saône, où il est encore très-commun. Réciproquement, sa
rusticité lui permet également de s'élever avec la grenouille
jusqu'aux plus grandes hauteurs, car Ramond les a trouvés
vivant tous deux en compagnie dans le lac d'Onsay. Je vais
d'ailleurs laisser à ce physicien naturaliste le soin de dépeindre
les sentiments qu'il a éprouvés au-dessus de cette limite. « Ici ,
« pas d'autres témoins que nous du lugubre aspect de la
« nature. Le soleil éclairant ces hauteurs de sa lumière la
« plus vive , n'y répandait pas plus de joie que sur la pierre
« des tombeaux. D'un côté, des rochers arides et déchirés qui
« menacent incessamment leurs bases de la chute de leurs cimes;
« de l'autre, des glaces tristement resplendissantes d'où s'élèvent
« des murailles inaccessibles. A leurs pieds, un lac immobile et
« noir à force de profondeur, n'ayant pour rives que la neige ,

« le roc ou des grèves stériles. Plus de fleurs, pas un brin
« d'herbe : durant huit jours de marche je n'avais recueilli
« que les restes desséchés de l'anémone des Alpes, et c'était
« à la montée de la Brèche. Rien de vivant désormais dans
« ces régions inhabitables ; les izards avaient cherché les gazons
« où l'automne n'était pas encore descendu. Dans les eaux
« pas un seul poisson, pas même une seule de ces salaman-
« dres que je rencontre jusque dans les lacs qui ne dégèlent
« que trois mois de l'année. Pas un lagopède piétinant sur ces
« champs de neige, pas un oiseau qui sillonne de son vol la
« déserte immensité des cieux. Partout le calme de la mort.
« Nous avions passé plus de deux heures dans cette silencieuse
« enceinte, et nous l'eussions quittée sans y avoir vu mouvoir
« autre chose que nous-mêmes, si deux frêles papillons ne
« nous avaient ici précédés : encore n'étaient-ce pas les papil-
« lons des montagnes ; ceux-là sont plus avisés, ils se confi-
« nent dans les vallons où ils pompent le nectar des plantes
« alpestres, et jamais on ne les voit s'aventurer dans les
« périlleuses situations. C'étaient deux étrangers, le Souci et
« le Petit-Nacré, voyageurs comme nous, et qu'un coup de
« vent avait sans doute apportés. Le premier voletait encore
« autour de son compagnon naufragé dans le lac..... Il faut
« avoir vu de pareilles solitudes ; il faut y avoir vu mourir
« le dernier insecte pour concevoir tout ce que la vie tient de
« place dans la nature. »

C. Crustacés.

F. Écrevisse.

L'écrevisse des rivières (*Astacus fluviatilis*), quoique demeurant toujours dans l'eau, a besoin de beaucoup d'air. Elle
périt promptement quand elle se trouve immergée dans une
nappe qui n'est pas sujette à un renouvellement constant, à
moins que la masse du liquide ne soit considérable. Elle suc-

combe à plus forte raison dans les eaux corrompues par suite
de la décomposition des matières animales ou végétales
tenues en dissolution. On prétend même qu'elle s'échappe
alors des réservoirs pour aller mourir à terre. C'est pourquoi
elle affectionne les ruisseaux fortement battus des régions
montagneuses, sans craindre pour cela les étangs dont les
eaux sont pures.

A cette occasion, je ferai remarquer que dans certains pays
de montagnes, on distingue deux sortes d'écrevisses. En Auvergne, par exemple, la Sioule renferme une variété dont la
teinte est le brun verdâtre ordinaire. Certains petits affluents,
dont les eaux sautillent d'une saillie à l'autre sur un lit très-
incliné, possèdent au contraire une variété de taille plus petite,
à têt plus dur et de couleur presque noire. On distingue celle-ci
sous le nom d'*écrevisse de roche*.

En Livonie on a encore observé que les crustacés acquièrent
une plus grande taille, et deviennent plus gros sur les sols
argileux que sur les cailloutis.

Les gastronomes savent aussi que les écrevisses qui ont vécu
dans les lacs, dans les étangs et en général dans les amas d'eaux
stagnantes, ne sont estimées qu'autant que ces réservoirs sont
alimentés par des sources, et il est probable que, dans ce cas, la
fraîcheur du liquide souterrain d'alimentation entre pour une
large part dans l'amélioration en question. En tous cas, elles
sont plus pâles et plus maigres que celles des rivières.

Au surplus, dans maintes occasions on a pu remarquer que
les écrevisses sont tellement délicates, à l'égard de la nature des
eaux, qu'il est extrêmement difficile de les faire vivre dans des
ruisseaux ou dans des réservoirs qui, jusqu'alors, en étaient dépourvus. Ce sont surtout les individus pêchés dans une eau
courante pour être placés dans une eau dormante qui manifestent cette répulsion à un haut degré, quand bien même celle-ci
ne leur est pas positivement mortelle, puisqu'elle est déjà fré-

quentée par d'autres écrevisses. Dans ce cas, il faut en sacrifier beaucoup pour en habituer quelques-unes avec leur nouveau casernement.

Il est cependant très-difficile de distinguer les causes qui motivent ces répulsions. Ainsi, plusieurs rivières de l'Ardèche, telles que l'Eyrieux près de Beauchastel, la Cance et la Déome près d'Annonay, sont dépourvues de ce crustacé. Il faut même remonter ce dernier cours d'eau jusqu'auprès de Bourg-Argental pour le rencontrer ; encore ne s'y est-il propagé que depuis un certain nombre d'années, à la suite des importations faites à diverses reprises par M. Verdier père, et par quelques autres particuliers, qui ont pris la précaution de disséminer leurs sujets également de tous les côtés. Je ne suppose pas que les eaux de ces rivières puisent quelque principe nuisible dans les terrains granitiques qu'elles parcourent ; du moins la Sioule, près de Pont-Gibaud, est abondamment pourvue en écrevisses, bien qu'elle traverse des formations analogues à celles de l'Ardèche. J'ai d'ailleurs remarqué qu'à l'exception de quelques traces de chlorure de sodium, l'eau de la Sioule est suffisamment pure pour pouvoir être employée en guise d'eau distillée dans les lavages de certaines analyses chimiques, et cette pureté rappelle celle que Berzélius avait déjà remarquée dans des rivières de la Suède. Ainsi donc, à défaut d'autre donnée de nature à m'éclairer sur ce point, j'ai supposé, en attendant mieux, que l'absence des écrevisses dans les parties sus-mentionnées des rivières de l'Ardèche, peut dépendre de leur caractère éminemment torrentiel. Dans leurs crues foudroyantes, elles déplacent de si grandes quantités de blocs de galets et de sables, qu'il paraît fort difficile qu'un animal aussi mauvais nageur puisse se soustraire au broyement de ces masses.

Cependant voici une autre indication qui n'est nullement de nature à simplifier la question. En effet, le crustacé n'existe

pour ainsi dire pas en Basse-Bretagne, et les nombreuses
tentatives faites, par de riches propriétaires du pays, dans le
but de les propager sur leurs terres, ont toutes été sans succès.
Cette irréussite opiniâtre a même accrédité chez le vulgaire
la fable que, dans un ruisseau qui sépare la Bretagne d'avec le
Maine, les écrevisses prospèrent sur la rive mansarde, tandis
qu'elles périssent sur la rive bretonne. Quoi qu'il en soit, il est
de fait que s'il en existe quelque part dans la Haute-Bretagne,
ce n'est que sur les limites de cette province. M. Lequinio,
ancien agent forestier, auquel j'emprunte ces détails, a cru
pouvoir expliquer le phénomène, en disant que l'animal recherche exclusivement les terres marneuses et calcaires, dont
l'élément essentiel lui est nécessaire pour la formation de sa
carapace. Or, l'on ne trouve ces calcaires nulle part dans la
Basse-Bretagne; ils sont même très-rares dans la partie haute
du pays, et on ne les voit apparaître que sur ses limites,
en sorte que jusque là il y a harmonie parfaite entre la nature
des eaux et la distribution de l'animal.

Cette dernière explication ne se conciliant pas avec l'existence
des écrevisses dans la Sioule et à Bourg-Argental, on aura sans
doute compris la nécessité de recourir à des analyses très-exactes
pour expliquer de pareilles différences. Peut-être sera-t-on mis
sur la voie par la prédilection de ces animaux pour le sel. Qui
sait si, pareillement, quelques traces d'iodures ou d'autres corps
analogues ne suffiraient pas pour exciter la répulsion ou l'at-
traction des crustacés? et comme certains poissons peuvent
être affectés par des causes tout aussi minimes, on conçoit
encore combien il importe de ne pas se livrer à la hâtive illusion
de la réussite d'une dissémination illimitée, dont se bercent
quelques esprits aventureux, malgré l'avertissement donné par
M. Valenciennes. Cependant, pour ne pas faire naître une
réaction non moins funeste que l'excès de précipitation du moment, je rappellerai l'observation suivante consignée dans les ou-

vrages de Linné : C'est que les écrevisses sont actuellement assez communes en Suède, tandis qu'on en voyait à peine dans ce pays du temps de Jean III, dont le règne remonte aux années 1550 à 1591. Les naturalistes ainsi que les météorologistes suédois ne devraient pas perdre de vue cette indication d'autant plus précieuse, qu'elle peut mettre à même de découvrir quelques-unes des causes qui président à l'extension du domaine de certains animaux aquatiques.

Les mœurs de l'*Astacus* sont d'ailleurs assez remarquables pour mériter d'être mentionnées. Ce crustacé est suffisamment sensible au froid des hivers pour être astreint à une sorte d'hibernation durant laquelle il disparaît, cesse de manger, ou du moins se montre très-peu avide de nourriture. Sa ponte se fait, suivant les uns en novembre et en décembre, et suivant d'autres pendant l'été. Ordinairement blotti dans quelque trou des berges, à l'abri d'une pierre ou encore parmi les racines des arbres, il n'en sort que pour saisir sa proie qui consiste en mollusques, en petits poissons, en larves et même en chairs corrompues.

Ces crustacés fréquentent la plupart les eaux douces de l'Europe et même celles de l'Asie, comme par exemple le Don et le Volga. Pour le bassin du Rhône, on remarque qu'ils deviennent rares vers les parties chaudes de la Provence. MM. Toulouzan et Negrel ne les ont rencontrés que dans le ruisseau de Jouques, où ils sont d'ailleurs fort peu communs. On en voit encore auprès d'Auriol et de Saint-Zacharie dans les parties supérieures de l'Huveaune, petit fleuve qui aboutit à la mer vers la plage de Bonneveine après un parcours de 6 à 7 lieues dans la direction de l'est à l'ouest. Enfin, d'après une obligeante communication de M. Barthélemy Lapomme-raye, conservateur du Musée de Marseille, l'Argens ainsi que la Siagne, près de Cannes, doivent être considérés comme formant la limite méridionale de leur domaine. Il résulte de cette pénurie que les écrevisses servies sur les tables à Marseille viennent des départements du Gard et de Vaucluse. Ici elles abondent, depuis la fontaine de Vaucluse jusqu'à l'Isle près d'Avignon, dans la Sorgue, rivière qui, près de sa source, se maintient au degré constant de 12°,9, et dont la température, qui s'élève à 14° vers le milieu de son parcours, est évaluée à environ 18° près de son embouchure dans le Rhône.

Dans les parties basses du département de l'Isère, l'écrevisse se montre dans le Dolon, dans les ruisseaux près du Péage-du-Roussillon ; elle est très-abondante dans la Boubre près de Cessieux, dans la Gère en amont de Vienne ; mais elle n'existe qu'en assez petit nombre dans l'Ozon près de St-Symphorien.

Autour de Lyon, on trouve quelques écrevisses dans l'Izeron, depuis Francheville jusqu'à Vaugneray, endroit situé au pied de la chaîne lyonnaise (alt. 360ᵐ).

Dans la partie montagneuse du bassin, l'*Astacus* se montre presque toute l'année dans la Taggia et autres rivières subalpines des environs de Nice, et de là il se propage vers le nord, sans que l'on connaisse précisément les hauteurs qu'il atteint à chaque latitude. Les seules indications que j'ai pu obtenir jusqu'à présent se réduisent aux suivantes :

Canaux de Villardon près d'Aspres-lès-Corps sur le Drac. 767ᵐ
Le Foron, ruisseau situé près du château de Langin,
    au pied des Voirons. 678
Lac de Brai, à 2 lieues de Vevey. 670

Ce petit lac, quoique très-profond, gèle en entier à sa surface pendant tous les hivers ; ne recevant aucun ruisseau, tandis qu'il en alimente un, il faut nécessairement admettre qu'il est subventionné par des eaux souterraines. Il est d'ailleurs renommé pour l'excellence de son poisson et de ses écrevisses, dont la pêche se faisait en commun au profit des baillis de Lausanne et d'Oron.

En regard des montagnes alpines se trouve la chaîne céve-
nole, comprenant les montagnes du Lyonnais. Autour du Pilat
les écrevisses sont rares dans le Gier proprement-dit, ce qui
peut tenir à l'infection des eaux par les produits des nombreuses
mines ou usines de la vallée, et aussi au tarissement occasionné
presque tous les étés par suite des exigences du canal de
Givors. Mais il n'en est plus de même dans ses affluents supérieurs. Ainsi il y a beaucoup d'écrevisses dans le Janon
(alt. 552^m). Sur le même versant, elles remontent jusque dans
le Mornantel, ruisseau qui descend de la Croix-de-Mont-Vieux
pour se jeter dans le Dorlay auprès de la Terrasse (alt. 450^m?).
La Brevenne, dans sa partie basse, ne contient pas ce crustacé, mais l'on en signale la présence dans l'un de ses petits
affluents venant de la commune des Halles, et débouchant dans
la plaine de Meys (alt. 500^m). On en trouve également dans
le ruisseau de Roche-Cardon en remontant près du hameau de
l'Arche au Mont-d'Or (alt. 300^m ?). L'Azergue en fournit au-
dessus de Chessy, là où elle n'est pas encore souillée par les
eaux vitrioliques des mines, et de ce point on peut suivre l'*Astacus* dans les parties supérieures de la rivière vers Chenelette
(alt. 660^m). Enfin, la Coize, autre rivière du département du
Rhône, mais appartenant au versant de la Loire, contient une
grande quantité d'écrevisses disséminées sur toute son étendue,
c'est-à-dire jusqu'à la hauteur d'au moins 700 mètres au-dessus
du niveau de la mer.

Dans les montagnes jurassiques, l'écrevisse pullule parmi une
foule de cours d'eau ; il résulte, entre autres, des excellentes
données de M. l'abbé Moirou, professeur de physique au
collège de Belley, qu'aux environs de cette ville elle se montre
sur les divers points suivants :

Ruisseau d'Ordonnax , à l'altitude de . 840^m
Albarine , à Hauteville 820

Brenod. . . . . 831^m
Hotonne 744

J'ajouterai encore que le Suran en renferme jusqu'auprès de
sa naissance dans le Revermont (alt. 400^m). Le Drouvenant,
qui sort en source bouillonnante et tumultueuse des rochers de
la Frasnée (alt. 546^m), est aussi renommé pour son crustacé.
Il en est de même à l'égard du lac de Nantua (alt.465^m)
qui fournit la majeure partie de celui qui se consomme à
Lyon. Ces animaux passent d'ailleurs pour acquérir de plus
belles dimensions, et pour être en même temps plus communs, à partir des premières rampes de la chaîne que vers
les plaines, où ils sont à la fois rares, moins beaux et moins
bons que dans le haut pays. Mais nulle part peut-être on ne
les voit en plus grande quantité qu'autour de Clairvaux-lès-
Vauxdain au nord-ouest de Saint-Claude (alt. 493^m). Cette
localité est une de celles du Jura où il y a le plus d'eaux, sous
les formes de rivières, de sources et de lacs. Les ouvriers des
magnifiques forges de l'endroit composent une petite population qui, pendant toute la belle saison, ne s'alimente pour
ainsi dire que d'écrevisses, et encore il s'en exporte une
grande quantité à Lons-le-Saulnier, ainsi que dans toutes les
communes environnantes.

G. Crabe d'eau douce.

Les détails concernant la distribution géographique de
l'écrevisse ont suffisamment démontré que ce crustacé ne tend
pas à se propager vers le sud du bassin du Rhône ; sa présence
n'est d'ailleurs point signalée dans les nombreux affluents de
l'Afrique septentrionale, d'où l'on peut conclure qu'il habite
de préférence les eaux douées d'une certaine fraîcheur.

Dans les contrées où l'influence solaire est plus prononcée,
l'*Astacus* est remplacé par le *crabe d'eau douce* (*Telphusa* ou
Potamophilus fluviatilis, Latr.), qui se montre déjà dans le

département de l'Hérault; cependant celui-ci n'existe pas aux environs de Marseille; mais davantage à l'est, il abonde en Toscane sur les bords de l'Arno, ainsi que dans les lacs Nemi et Albano auprès de Rome. D'après M. Cappès, essayeur aux mines de La Calle en Algérie, ce crustacé habite encore la partie sud de la Dalmatie, et notamment autour de Castelnuovo, Cattaro, Budua et Lastua, où il se trouve généralement dans la montagne à 300 mètres au-dessus du niveau de la mer, et dans des sources fraîches et claires. Mais au nord du pays, et surtout dans la Kerka, aux environs de Knim, on voit paraître les écrevisses ordinaires. Valvasor prétend même que dans la Kerka celles-ci sont d'une si belle taille, que cinq d'entre elles égalent la hauteur d'un homme. En réduisant cette exagération à des limites rationnelles, il restera encore assez de marge pour donner l'idée d'un fort beau crustacé.

La telphuse existe également en Grèce, dans les ruisseaux du mont Athos, en Égypte et en Algérie.

D'après ces données, il est facile d'établir la ligne de disjonction de l'écrevisse et du crabe. Elle suit à peu de chose près l'isotherme de 15°, qui pénètre avec le crabe dans le Languedoc pour se redresser ensuite près de l'embouchure du Rhône, à partir de laquelle cette ligne passe avec une légère courbure entre Marseille, Nice, Bologne et les côtes de la Dalmatie. L'on s'expliquera ainsi comment M. d'Audiberti est parvenu à acclimater le crabe dans les environs de Nice, au point de le rendre très-commun en peu d'années autour de ses propriétés. Il est encore probable que les essais qui se font en ce moment à Marseille sur ce crustacé comestible auront du succès, si toutefois les ruisseaux sont convenablement choisis.

J'ai rencontré fréquemment le crabe d'eau douce dans les ruisseaux de la partie littorale de la province de Constantine, et notamment dans l'Oued-Rera, à la sortie des gorges du Filfila près de Philippeville, ainsi que dans l'Oued-Souden qui découle du Djebel-Alia, dépendant du même massif. La partie inférieure du premier de ces ruisseaux est établie dans les sables des dunes, et il est constamment approvisionné en eau. L'autre, au contraire, ne présente dans la saison de l'étiage, qu'un mince filet descendant d'escalon en escalon sur les rochers, et remplissant çà et là quelques bassins caillouteux assez profonds.

Ces deux courants m'ont donné les températures suivantes :

				Eau.	Air.
1852	19 nov.	3 h. s. Oued-Rera. . . .		21°,1	23°,0
		4 h. s. Id.		19°,2	21°,1
	21 nov. 10 h. 1/2 m. Oued-Souden,			14°,8	15°,8
	suivant les bassins.			13°,2	

La basse température de ce dernier ruisseau provient en grande partie du refroidissement nocturne que maintenait l'abri des arbres distribués le long de son cours. Cependant le crabe ne s'y montrait pas plus engourdi que dans l'Oued-Rera; mais il faut ajouter que pour le mois de novembre, ces eaux sont encore très-chaudes comparativement à celle de nos ruisseaux lyonnais, dont la moyenne réduite alors à environ 8°,5, explique suffisamment pourquoi ce crabe ne remonte pas dans nos eaux plus septentrionales.

II. Crevette des ruisseaux.

La crevette des ruisseaux (*Gammarus pulex*) est un petit crustacé auquel on attache d'ordinaire peu d'importance, mais que j'ai été conduit à étudier avec plus de soin par suite d'une théorie particulière au sujet du saumonage de la truite. Il sera question de cette théorie dans une autre occasion, pour le moment je dois me borner à faire connaître les résultats obtenus à l'égard du *Gammarus*.

Ces crevettes sont à peu près aussi difficiles dans le choix de

leurs stations que l'écrevisse, et probablement encore par suite
de la même cause, c'est-à-dire la nécessité d'une eau convenablement aérée; du moins toutes celles que j'ai voulu transporter dans des tubes remplis d'eau sont mortes promptement.
Ainsi, le 9 juin 1853, de deux individus, l'un mâle et l'autre
femelle, pris dans un petit bassin de source, auprès des conferves, l'un était mort une heure après; c'était le mâle. La
femelle remuait encore faiblement, et quand je l'eus transvasée
dans un verre d'eau pure, elle parut se ranimer graduellement;
son corps complétement paralysé commençait à se redresser;
quelques pattes auparavant raidies entrèrent en mouvement,
et par intervalles elle nageait avec une certaine vigueur, si
bien qu'il est à croire qu'elle serait revenue complétement à la
vie si j'avais pu la replonger dans son eau natale.

Chez ces crustacés le mâle est plus petit et d'une teinte
brune presque noire; la femelle, au contraire, doit peser à peu
près le double du mâle, et sa couleur est le brun jaunâtre.
Dans les provinces méridionales, celle-ci est pleine d'œufs dès
le printemps; autour de Lyon, elle les porte vers le milieu de
juin. Ils adhèrent aux filets qui garnissent son ventre ou sa
queue, de la même manière que ceux de l'écrevisse.

Les *Gammarus* jouissent de la propriété si remarquable chez
l'écrevisse de changer de couleur par la cuisson, ou par l'influence de la putréfaction; cependant il y a entre les deux
espèces une différence prononcée, en ce sens que l'écrevisse
devient rouge, tandis que la crevette prend une teinte orangée
fort vive chez le mâle, et un peu plus pâle chez la femelle.
Ces changements se manifestent d'ailleurs jusqu'à l'extrémité
des pattes, à l'exception, toutefois, des yeux qui restent
noirs, et de quelques appendices membraneux placés sous le
ventre à côté des filets et des pattes, lesquels demeurent
blancs. Enfin, les œufs prennent la même teinte jaune que le
corps même de l'animal. Au surplus, il est à propos de faire

observer, en passant, que des causes naturelles peuvent également modifier la couleur de l'animal dans le même sens. Du moins M. Risso a découvert des crevettes d'un rouge pâle dans le ruisseau du Vallon obscur, près de Nice ; de même Razoumowsky dit que les crevettes des environs de Lausanne sont rougeâtres et plus petites que celles des environs de Paris. Il faut ajouter que Wagner assure qu'en Suisse on rencontre des écrevisses rouges, d'autres qui sont bleues ; on vient d'en signaler récemment de blanches, et toutes ces mutations n'ont rien de bien surprenant de la part d'une matière colorante assez fugace pour se modifier à la première impression du feu, de l'alcool ou d'un acide.

La crevette est généralement répandue dans les bassins qui reçoivent les eaux des sources les plus pures ; elle s'enfonce souvent dans le sable, ou bien elle se tient sous les pierres ; on la découvre aussi au milieu des cressons, et parmi les conferves, se nourrissant de débris d'animaux et de végétaux, dont elle est au moins aussi avide que l'écrevisse. On en jugera d'après le fait suivant. De temps immémorial on avait remarqué à Saint-Félix-de-Pallières, dans l'arrondissement du Vigan (Gard), une fontaine dont les eaux passaient pour jouir d'une propriété fort singulière. En effet, à part l'hiver, en quelque saison que l'on y immergeât le cadavre d'un petit animal, on retrouvait le lendemain son squelette dépouillé et nettoyé avec toute la propreté qu'aurait pu apporter à l'opération un habile préparateur. Les nervures d'une feuille étaient pareillement mises à nu. On dut naturellement chercher à découvrir la cause du prodige, et tout le merveilleux cessa du moment que, dans le but d'étudier chimiquement les eaux de la fontaine, on les soumit à l'ébullition. En effet, une multitude de petites crevettes puisées par mégarde avec le liquide, passant à la teinte tranchée de l'orangé, fixèrent immédiatement l'attention. C'étaient les anatomistes de la fontaine. M. Duméril a, d'ailleurs, plusieurs fois eu recours à leur appétit pour obtenir de très-beaux squelettes, en maintenant simplement les sujets au milieu des ruisseaux où les crevettes abondent. Elles font dans l'eau le même travail de nettoiement et de purification que l'on obtient à terre de la fourmi ainsi que de la blatte : aussi n'est-ce pas sans raison que, dans son langage si plein d'une énergique concision, Linné achève de caractériser le crustacé en question à l'aide de ces simples mots : *conficiens squeleta piscium*. Malheureusement ce célèbre naturaliste ne l'a pas distingué de la crevette marine, quand il les désigne en commun sous le nom de *Cancer pulex*, lequel, dit-il, *habitat frequentissimus ad oceani littora, etiam in fontibus, fossis, lacubus adeo Siberiæ salsis*.

On rencontre la crevette depuis les bords de la Méditerranée jusque dans la Livonie. Dans le bassin du Rhône, elles sont entre autres, très-abondantes dans les puits ainsi que dans les sources des Cévennes, et les habitants de ces montagnes les désignent sous le nom de *trinquetailles*. Cependant, les causes particulières, en vertu desquelles l'écrevisse est exclue des rivières de l'Ardèche, telles que l'Eyrieux, le Doux, la Duronne, le Day, la Cance et la Déôme, ont également agi sur les crevettes, car mes recherches, non plus que celles de MM. l'abbé Bravais et Courbis, n'ont pu aboutir à les faire trouver. Toutefois il ne s'ensuit pas que leur exclusion de cette partie du bassin doive être regardée comme absolue, car déjà M. l'abbé Bravais avait constaté leur présence autour de quelques sources des environs d'Annonay. De mon côté, après avoir retourné bien des cailloux, j'ai fini par les trouver en assez grande abondance près de Beauchastel, dans un petit affluent de l'Eyrieux nommé le Bousquet. Celui-ci possède les caractères d'un véritable ruisseau de source ; il est trop faible pour jouer le rôle d'un torrent à l'instar des rivières voisines, et son eau, passant fréquemment à travers les graviers, s'y maintient à un degré de fraîcheur remarquable. Ainsi, par une belle journée chaude, le 21 mai 1853, l'air étant à 17° et l'Eyrieux à environ 14°,0, l'eau du Bousquet, malgré son faible volume, ne faisait monter le thermomètre qu'à 12°,2.

Autour du Pilat, où la crevette est très-commune dans les endroits caillouteux, à fonds sableux et peu profonds, j'ai pu remarquer la décroissance suivante en hauteur, d'après des observations faites le 11 juillet 1853. Les altitudes indiquées, à l'exception de celle de la Croix-du-Collet, sont d'ailleurs approximatives, mais suffisamment exactes pour notre objet.

Alt.	Sources.	Exposition.	Tempér.
700^m	Sources des maisons de Fraichure . .	S	10°,2
Id.	Source des Hermeaux	N	9°,0
800	Font-Olagnier	O	8°,8
Id.	Source dans les prairies voisines des maisons du Collet	E	7°,4
Id.	Autre source située au pied du bois voisin	E	8°,2
850	Font du Razat . . . Au milieu de la gorge.		8°,6
900	Font-Claire	O	8°,2
942	Croix-du-Collet. . . . Sommet du passage.		

Parmi les sources de Fraichure, il en est une qui est située au fond d'une arrière-cave, et par conséquent fermée par deux portes; il y règne donc une grande obscurité : et cependant j'y ai trouvé quelques crevettes. Le 29 mai 1853, on en a encore rencontré dans la source placée au pied du bois voisin des maisons du Collet; mais elles étaient en bien petit nombre, et je n'en ai plus retrouvé le 11 juillet; enfin, aucune des sources situées plus haut ne m'en a montré. Il faut donc conclure que la température de 8°,2 est à peu près la plus froide que ces animaux aiment à supporter, et qu'ils s'en vont ailleurs, dès qu'en suivant le cours du ruisseau, ils trouvent des parties plus chaudes.

A l'égard des hauteurs où l'on trouve ce crustacé, je dois rappeler qu'un naturaliste distingué de Chambéry, M. Bonjean père, en a rapporté du col du Mont-Cenis (alt. 2,066^m); malheureusement les circonstances du gisement n'ont pas été indiquées, et cette lacune est regrettable, car il existe trois espèces d'eaux dans ce col, savoir :

1° Les sources qui se maintiennent entre 4°,7 ; 5°,0 ; 5°,1 ; 5°,2 et 5°,6;

2° Les ruisseaux qui descendent des hauteurs, et dont la température peut s'élever à 11°,0 au soleil, l'air étant à 10° vers les onze heures du matin ;

3° Enfin le lac, dont j'ai trouvé les températures variables entre 11°,2 et 16°, dans les journées des 24 et 25 août 1839.

Ces indications suffisent pour établir que ces crustacés peuvent trouver dans cette station des degrés très-variés, et dès lors leur présence n'a plus rien qui doive surprendre ; mais, jusqu'à plus ample informé, il n'en reste pas moins la connaissance du fait intéressant de la grande altitude à laquelle ils peuvent s'élever.

Pour compléter autant que possible ces aperçus, j'ai encore tenu compte des stations du crustacé dans nos régions basses. Le 18 juillet 1852, visitant les bords de l'Ain, en amont du pont de Chazey, près de Meximieux, je rencontrai différentes sources sortant successivement du pied d'une balme qui encaisse la rive droite de la rivière, et dont la réunion donne naissance à un petit courant latéral rejoignant l'Ain à 1 kilomètre en aval de la source la plus élevée ; l'on conçoit qu'un pareil arrangement permettait d'obtenir des températures fort différentes ; c'est d'ailleurs ce dont on jugera par les chiffres suivants, à l'égard desquels j'ai eu soin de séparer les résultats fournis par les sources d'avec ceux du petit ruisseau auquel elles donnent naissance :

SOURCES.			RUISSEAU provenant des sources.			AIN.
6 fév. 1853.	24 avril 1853.	18 juil. 1852.	6 fév. 1853.	24 avril 1853.	18 juillet 1852.	
9,8	10,3	9,9	»	9,0	10,0	6 fév. 53. 6°,5
9,8	11,7	9,4		La'Losne est refroidie par l'Ain qui dans ce moment déborde par suite de la fonte des neiges.	10,8	24 avr. 53. 7°,5
9,8	11,3	9,7			13,0	18 juil. 52 20°,8
9,7	10,9	10,2			14,0	
9,6	11,3	11,0			15,2	
9,7	11,6				17,8	
9,7	Dans cette journée, qui a succédé à la fonte des neiges, les sources étant couvertes par les eaux de l'Ain, quelques températures ont pu se trouver dénaturées.				18,1	
9,5					17,3	
9,7					18,8	
					20,8	
					Ces températures ont été prises en suivant le ruisseau de l'amont à l'aval.	

On remarquera maintenant que quelques-unes de ces sources sont remarquablement froides pour le pays, tandis que d'un autre côté la température du courant augmente rapidement. Cependant la crevette existe indifféremment sur tous les points; elle semble même se tenir de préférence dans le creux des sources les plus fraîches, et, de plus, elle y a été trouvée au moment de la fonte des neiges aussi bien qu'en été. Toutefois, comme on pourrait être tenté de croire que, dans le cas actuel, les crevettes du ruisseau sont simplement égarées, j'ai encore fait d'autres recherches sur des portions de cours d'eau très-éloignées de leurs sources.

Le 1er août 1852, par un temps calme et un soleil ardent, j'ai trouvé :

	Eau.	Air.
Midi. Ruisseau d'Écully, près du pont, sur la route de Vaise à la Demi-Lune . .	19°,8	26°,1

	Eau.	Air.

Midi. Même ruisseau, plus bas, et dans une place qui, depuis quelque temps, est en plein soleil . . . . — 21°,2 — 26°,1

12 h. 1/2, s. Ruisseau des Planches, en amont du confluent avec le ruisseau précédent. Dans cette saison, ce ruisseau n'est plus représenté que par des flaques stagnantes établies dans les dépressions du gravier de son lit . . . — 25°,4 / 26°,0 — 26°,5

1 h. s. Ruisseau de Charbonnières en aval du Pont-d'Alaï, partie où l'eau est courante. . . . . — 26°,0 — 26°,8

Dans toutes ces stations les crevettes abondent encore, et comme ces derniers ruisseaux approchent du zéro en hiver, on doit admettre que ces petits crustacés sont jusqu'à un certain point indifférents au régime des températures, circonstance qui ne coïncide pas exactement avec ce que l'on exposera ultérieurement au sujet de la truite.

D. Hirudinées.

Les sangsues ont été divisées en un grand nombre de genres, d'espèces et de variétés, dont la plupart sont basés sur des caractères très-équivoques. Aussi, dans l'impossibilité de suivre chaque espèce en particulier, je réunirai le tout en deux groupes, dont l'un comprendra tout ce que l'on qualifie dans le commerce du nom de sangsues médicinales, et dont l'autre ne renferme que la sangsue brune vulgaire.

Cet annélide m'a présenté les faits suivants :

I. Sangsue brune vulgaire.

Le 1er août 1852, par un soleil ardent, la température de l'air à l'ombre était de 27°. L'eau du ruisseau de Charbonnières, en aval du Pont-d'Alaï, près de Lyon, réduite à l'état de flaque très-peu profonde, presque stagnante, sur un lit caillouteux, avait acquis sous l'influence de la radiation solaire une température de 34°. Dans cette flaque, une sangsue montrait des indices manifestes de souffrance; elle s'allongeait autant que pouvait le lui permettre l'élasticité de sa peau, puis se tordait en se laissant entraîner par le plus faible courant, quoiqu'elle cherchât d'instants en instants à se fixer.

J'ai rencontré, depuis, la même espèce dans le Day, sur le plateau des environs de Quintenas, entre Annonay et Tournon. C'était le 29 avril 1853, par un temps froid et pluvieux, après un hiver très-prolongé, le thermomètre indiquant 8° à l'air, et dans l'eau 8°,6. Cependant, malgré le printemps tardif de cette année et la basse température de la journée, ces sangsues ne paraissaient nullement souffrir. Enfin, le 1er mai suivant, je les ai également retrouvées dans le ruisseau du Bousquet, près de Beauchastel, en compagnie avec les crevettes, et par conséquent dans des circonstances déjà énumérées précédemment (H).

Ces indications suffisent pour faire comprendre que la sangsue en question est plus fortement affectée par les températures élevées que par les températures basses; et, en définitive, cette espèce ne s'écartant pas beaucoup par ses habitudes de la sangsue médicinale, on conçoit que les données qui la concernent peuvent être applicables à la dernière. C'est pourquoi je n'ai pas cru devoir laisser de côté ces aperçus qui peuvent devenir utiles en qualité d'auxiliaires.

A titre de complément, je dois faire observer que cet annélide qui, d'après divers naturalistes, stationne dans les marais au milieu des plantes aquatiques, ne redoute nullement nos rivières même les plus rapides.

J. Sangsue médicinale.

La sangsue médicinale n'exige pas des eaux fortement

battues et aérées, car elle n'éprouve pas un grand besoin de respirer. Elle jouit de la faculté de vivre plus longtemps que la grenouille et que la tortue, dans les liquides ne contenant pas d'air en dissolution ; elle peut même vivre plusieurs jours dans l'huile, ainsi que l'a constaté M. Morand, et tout ce qui en résulte consiste à provoquer un changement de peau. Aussi est-il à remarquer que chez ces animaux la digestion est excessivement lente, de même que leur accroissement, lequel doit être proportionné à la quantité de nourriture absorbée ; cette fonction devient pourtant plus active quand ils sont immergés dans une eau tiède. C'est en vertu de ces propriétés qu'il suffit de renouveler leur eau tous les huit jours en hiver, tous les trois jours en été ; et cependant elles périssent, surtout dans cette dernière saison, quand la putréfaction s'empare des matières organiques dissoutes dans leur bain.

Sous le point de vue thermique, on peut dire que la sangsue médicinale craint peu le froid, quoique dans nos climats elle ait l'habitude de s'enterrer dans la vase, où elle demeure engourdie pendant l'hiver ; il est même probable qu'elle gèle avec l'eau des mares durant cette saison, pour dégeler ensuite au printemps. D'ailleurs, quand l'annélide est renfermé dans un bocal rempli d'eau, il se maintient d'ordinaire au fond pendant la gelée, et cela sans y périr, même à —12°. On les a vues, après avoir été prises dans la glace depuis plus d'un mois, revenir cependant à la vie, de manière à pouvoir être employées, toutefois, quand la liquéfaction était opérée avec précaution. Ce fait est arrivé, entre autres, à Lyon, durant le rigoureux hiver de 1829-30, chez M. Poggi, sur une vingtaine de kilogr. de sangsues hongroises qu'il croyait devoir être perdues.

Il résulte encore de quelques expériences du célèbre Bonnet, que si le verre n'est pas un bon baromètre, il peut être un thermomètre très-sensible. Dès que ce savant observateur appliquait le bout du doigt, en dehors d'un bocal, sur la partie correspondante à la bouche de l'animal, celui-ci abandonnait la place pour se porter ailleurs. J'ai vu le même déplacement s'effectuer assez fréquemment pour mettre hors de doute la généralité de l'énoncé en question ; il suffit, pour la réussite, que le verre du bocal ait peu d'épaisseur, de manière à être rapidement traversé par la chaleur. Au surplus, ces animaux paraissent jouir de toute leur activité durant le jour, et surtout quand la température est élevée ; pendant la nuit, au contraire, ils s'enfoncent dans la vase, se fixent contre les végétaux : en sorte que, s'il est évident que la chaleur leur rend la vie ainsi que la santé, il ne l'est pas moins que le froid détermine leur engourdissement.

D'autres observations achèvent de démontrer combien le sens du toucher est développé chez les sangsues. En effet, celles qui sont conservées dans les bocaux de verre se dirigent très-bien vers la lumière. Elles y sont appelées par la chaleur qui accompagne le fluide lumineux, bien plus qu'en vertu de la faculté de voir, car leurs organes de la vision sont tellement masqués, qu'il est à croire que le sens de la vue doit être chez elles à peu près complétement nul. Réciproquement, ces animaux savent fort bien trouver l'ombre pour se cacher dans les étangs et dans les marais quand on les tracasse pour les pêcher.

Toutefois, de ce que ces hirudinées affectionnent une chaleur modérée, il ne faudrait pas en conclure qu'elles sont capables de supporter une température élevée ; des expériences directes ont prouvé qu'elles sont mises à mort par l'eau portée à 38° ; enfin, il a encore été établi que les transitions un peu trop brusques suffisent pour les faire périr.

Les indications précédentes se concilient fort bien avec ce qui a été observé à l'égard de la sangsue brune ; elles suffisent pour faire comprendre la nécessité de conserver les sangsues médicinales dans un lieu frais, à l'abri des rayons solaires, et de ne les transvaser que dans une eau ayant la même température que celle dans laquelle elles ont vécu précédemment ; d'ailleurs, l'expérience a sanctionné le résultat des diverses expérimentations faites à ce sujet.

Les étangs profonds ne conviennent pas à ces annélides ; leurs gîtes habituels sont les fossés et les mares dont l'eau est peu agitée. Ils affectionnent surtout les marais alimentés par les pluies ou par des sources éloignées, ayant un étiage en septembre et en octobre ; et plus ceux-ci sont alors privés d'eau, sans être pour cela absolument à sec, plus ils sont favorables pour la multiplication de l'espèce. A la vérité, on les rencontre quelquefois dans les eaux courantes, et celles qui sont capturées dans ces stations sont même les plus estimées à cause de leur avidité ; malheureusement elles sont rares.

La France faisant tous les ans une consommation de plusieurs millions de sangsues, on a dû chercher à les multiplier dans le pays. Les paysans bretons, qui connaissent depuis long-temps leurs œufs, ont imaginé de les transporter dans des eaux où il n'y en avait point. Plusieurs savants se sont également occupés de leur conservation ainsi que de leur propagation, si bien que l'art de les élever est déjà très-perfectionné. Quelques pharmaciens les conservent dans les bassins de leurs jardins. On les rencontre d'ailleurs dans une foule de marais, depuis Arles et Toulon jusqu'à Lyon ; dans les ruisseaux et les fossés des environs de Genève, auprès de Cossonex, Vidi, Puilli, etc. ; dans les eaux stagnantes du département du Doubs ; et, en un mot, du midi au nord de la région basse du bassin du Rhône.

Malgré cette extension, les sangsues étant trop peu abondantes, il a fallu en faire venir des pays étrangers, et Durand paraît être le premier qui ait eu l'idée d'importer celles de la Hongrie. De grands entrepôts établis à Marseille sont incessamment alimentés par les provenances de l'Italie, de la Grèce et de l'Afrique, de manière à donner lieu, pendant toute l'année, à un assez grand mouvement commercial. Bien plus, M. Barthélemy Lapommeraye me fait connaître un établissement disposé pour leur propagation dans la petite ville de Marignane.

M. Poggi, de Lyon, s'est livré, depuis dix-huit ans, à l'éducation ainsi qu'à diverses expériences au sujet de ces annélides, et il a parqué ses élèves dans les marais, à Serrières-de-Briord, près du Rhône. Ici, les sangsues de la Hongrie réussissent aussi bien que celles du pays. Celles de l'Afrique, au contraire, cherchent constamment à s'échapper au moment des pluies, et disparaissent pour mourir plus loin, probablement parce que la température des eaux ne leur convient pas. D'ailleurs les mêmes, ainsi que celles de la Corse, font la guerre à celles de la Hongrie, et les exterminent ; une pareille antipathie n'a rien de surprenant si les espèces sont décidément différentes, et je dois rappeler, à cette occasion, que dans certaines classifications, l'on qualifie du nom de *Hirudo officinalis*, la sangsue hongroise, les algériennes étant distinguées sous ceux de *Hir. interrupta* et *Hir. nigra*. Au surplus, je vais ajouter ici quelques autres détails de nature à faire ressortir la variabilité des caractères de ces hirudinées.

D'autres ont déjà dit que la sangsue médicinale est un vrai Protée à l'égard des couleurs qu'elle peut affecter dans diverses circonstances. En général, elle ne paraît brune qu'autant qu'elle est hors de l'eau, et dans un état de contraction. Sous certains aspects elle prend une nuance bleuâtre ; enfin, au grand jour, quand elle est plus ou moins étendue ou développée, le fond de sa couleur est le vert d'olive.

Cependant en France, la sangsue officinale présente deux variétés principales : la noire, que l'on rencontre communément dans le Nord, et la variété verte qui est plus spécialement propre au Midi. A Paris, on donne la préférence à la variété noire, tandis que l'inverse a lieu à Marseille, probablement à cause des habitudes. Autour de Lyon, dans la Bresse, la sangsue prend une teinte gris verdâtre foncé, ayant le ventre plus clair, pointillé de noir, et celle-ci est réputée pour être de bonne qualité, à l'inverse des sangsues d'Arles et des landes de Bordeaux, qui ont la couleur café vert pâle ; celles de l'île de Sardaigne ne sont admises qu'à titre de qualité médiocre, de même que celles de l'Algérie, et toutes deux sont vertes. Quant aux sangsues de Tunis, du Maroc et du Sénégal, elles sont en général de qualité inférieure, plus courtes que celles de l'Algérie, et pareillement vertes. Ajoutons que l'espèce du Maroc, entre autres, est livrée par les marchands comme étant la sangsue de l'Algérie ; mais il y a ici une véritable tromperie, car elle est décidément mauvaise.

Transportons-nous actuellement vers l'Est, et nous verrons encore d'autres changements remarquables dans la couleur comme dans la qualité.

En Hongrie, dans le Caucase et dans la Perse, la teinte passe à l'olive foncé, le ventre étant jaune, et la qualité est supérieure. En Dalmatie, la Narenta, ainsi que tous les marais du pays, contiennent beaucoup de sangsues dont on fait le commerce par la voie de Trieste. Près de Lastua, M. Grégowich tire un grand bénéfice de ses éducations, qui portent sur des sujets analogues aux précédents.

En Pologne, les sangsues se nuancent en gris verdâtre foncé, et elles sont bonnes.

Celles de la Géorgie, d'Odessa et de Trébisonde, ont le le dos vert et le ventre blanc pointillé de noir. Celles-ci sont également estimées.

La variété provenant de la Corse est d'un noir de café, elle est regardée comme médiocre.

Les annélides de la Toscane étaient verts et bons ; mais ils ont en quelque sorte disparu des maremmes.

Ferrare et Naples fournissent des hirudinées d'un gris rous-
sâtre; ils sont un peu moins estimés que ceux des environs de
Lyon.

Enfin, l'Égypte ainsi que la Syrie en livrent de plusieurs
couleurs, toutes médiocres et même de qualité inférieure.

Sans doute, ces indications dont je suis redevable à M. Poggi
ne sont pas simplement relatives à des variétés; elles comprennent évidemment quelques espèces distinctes, et je suis d'autant plus porté à le croire, qu'indépendamment de ce que j'ai
déjà rappelé à l'égard de la sangsue algérienne, je puis ajouter
que le Maroc, en particulier, livre une sangsue médicinale bien
tranchée par les bandes rouges étalées le long de ses flancs,
et à laquelle on donne, pour cette raison, le nom de *dragon*.
Cependant, je n'ai pas jugé à propos de supprimer ces détails,
parce qu'ils sont établis sur les données d'un commerce établi
sur une très-grande échelle, et que, par conséquent, ils sont de
nature à mettre les naturalistes sur la voie de quelques découvertes. D'ailleurs, comme on fera connaître par la suite
des changements non moins remarquables, occasionnés chez
les poissons par leur simple déplacement d'une rivière dans
une autre, ces mutations pourront acquérir un caractère de
généralité digne de toute l'attention d'un physiologiste phi-
losophe.

III° Aperçus nouveaux au sujet des poissons de mer.

Pour les usages ordinaires, on distingue deux sortes de
poissons, savoir: ceux de mer et ceux des eaux douces. Au
premier aspect, le fait capital de la salure semble devoir
déterminer nettement le domaine des premiers; cependant
l'influence de cette surcharge en sels n'étant pas prononcée, au
point que la nature ne puisse s'en affranchir dans diverses circonstances, il importe, par cela même, de s'arrêter sur les
modifications que diverses circonstances peuvent amener dans

le régime des mers. Aussi, sans m'embarrasser des limites de mon cadre, je vais entrer dans quelques aperçus généraux qui permettront d'aborder ensuite plus à fond la question des habitudes propres à quelques animaux de l'une et l'autre catégorie.

Certains poissons fréquentent indifféremment l'Océan et la Méditerranée. Ceux-ci sont, entre autres, la *Perca cabrilla*, Lin.; la *Perca gigas*, Gm.; la *Sciœna umbra*, Cuv.; les *sardines*, les *anchois*, le *merlan*, l'*esturgeon*, etc. Cependant, la Méditerranée possède des poissons qui lui sont propres, et que l'on ne retrouve pas dans l'Océan. On peut, à cet égard, citer l'*Anthias sacer*, Bl.; l'*Apogon rex mullorum*, Cuv.; divers *Spares*, *Pomatome*, *Thons*, *Liches*, *Muges*, *Labres*, *Serrans*, etc.

Une circonstance aussi tranchée ne tient pas uniquement à la température, car l'Océan, dans son extension du pôle à l'équateur, doit prendre, d'un parallèle à l'autre, tous les degrés de chaleur que les eaux sont susceptibles d'acquérir, et, par conséquent, il doit y exister des zones portées aux mêmes points que les diverses parties méditerranéennes. Mais à côté de cette cause générale, il en est une qui me paraît jouer un rôle capital, sinon d'une manière directe, du moins par ses effets subsidiaires; je veux parler du phénomène des marées.

Dans ses retraites journalières, l'Océan laisse périodiquement à nu d'immenses plages où fourmillent certaines espèces parmi lesquelles il en est qui se retirent avec la mer, tandis que d'autres ont l'habitude de s'enfouir dans le sable en attendant le retour du flux. Il s'ensuit déjà que l'organisation de ces dernières n'est pas faite pour se concilier avec un régime constant des eaux. On conçoit encore que le frai de certains poissons puisse se trouver affecté par ces oscillations, au point de ne pas fructifier sous leur influence; et comme on est déjà entré dans quelques détails à ce sujet, à l'occasion des tortues (Append. B.), il est inutile de développer plus amplement la question.

A ces mouvements de hausse et de baisse, vient se rattacher un trouble occasionné par un état de suspension permanente des particules pierreuses ou argileuses, et qui fait des rivages océaniques un objet peu attrayant sous le point de vue de la limpidité. Des parties européennes de ces mers, le poète n'a guère chanté que la grandeur, la puissance des vagues, et le sombre aspect des eaux. Prenez, au contraire, le trouvère méridional, et vous aurez l'azur de son ciel, les tons chauds de ses rivages, le bleu si pur de ses flots verdis par les traces de limon dans les seuls moments des tempêtes; il vous peindra encore le magique reflet de la transparence qui s'élève du sein de sa méditerranée, et, en un mot, son langage cherchera à exprimer sur tous les tons possibles l'immense sourire que le soleil répand sur la séduisante nature de sa belle contrée. Eh bien! certaines espèces de poissons ne seraient-elles pas organisées spécialement en vue de cette surabondante lumière? M. Melloni ne nous apprendra-t-il pas un jour comment la diathermansie peut intervenir dans l'éclosion du frai, et qui peut, dès à présent, prévoir jusqu'à quel point une étude comparative, faite par quelque habile physicien, est appelée à faire avancer les idées au sujet des mystères de la fécondation ?

Dans ce qui précède, on a supposé la Méditerranée privée de toute marée. C'est qu'effectivement ce mouvement y est peu sensible; mais il n'est pas pour cela d'une nullité complète. Divers observateurs attentifs ont en effet remarqué cette intumescence périodique dans le détroit de Gibraltar, vis-à-vis d'Alger, entre Malte et la Sicile, sur l'Adriatique et notamment aux lagunes de Venise, dans le détroit de Messine, autour de Naples, puis dans la mer Thyrrhénéenne, et enfin dans le golfe du Lion. Sans doute, ces marées faibles par elles-mêmes, et dénaturées encore par les brises locales, par les vents généraux, par les pressions barométriques, ne présentent

pas cette régularité qui a permis d'exprimer, à l'aide de for-
mules, les périodes des marées océaniques; mais les entraves
du mathématicien ne doivent pas arrêter le naturaliste, et nous
aurons, par la suite, une occasion nouvelle de faire ressortir
l'influence de ces mouvements dans la pisciculture méditer-
ranéenne. Déjà il en a été fait mention pour les tortues.

Les courants doivent également jouer un rôle remarquable
dans la question. L'Atlantique, on le sait, possède une sorte
de grand fleuve intérieur qui dissémine au loin vers le nord,
la chaleur acquise dans le golfe du Mexique. D'autres observateurs ont posé en fait admis qu'en transportant des myriades
d'infusoires, de mollusques, de zoophytes, ainsi que des masses
d'algues, il dessine en quelque sorte la route que suivra chaque
année la multitude des poissons voyageurs, vivant de ces
produits. Or, la Méditerranée possède de même son *gulf-
stream* qui, après avoir longé de l'ouest à l'est les côtes du
Maroc et de l'Algérie, se subdivise en trois branches, dont
l'une continue à suivre la direction première vers les Syrtes,
tandis que l'autre pénètre dans le bassin formé par la Sicile,
l'Italie, la Corse et la Sardaigne, et dont la dernière, se diri-
geant plus directement au nord, suit les côtes occidentales
de la Sardaigne et de la Corse. Cependant, quelle que soit la
justesse de ces embranchements établis par M. Aimé, on peut
encore admettre plus simplement qu'ils ne sont que les remous
d'un mouvement de rotation général, en vertu duquel l'allure
de l'ouest à l'est se maintient jusque sur les côtes de l'Égypte
et de la Syrie, d'où le courant est répercuté vers l'occident, de
manière à atteindre l'Archipel. Ici le dédale des îles établit un
nouveau partage dont l'Adriatique obtient sa part; la Sicile
est ensuite doublée; la mer Thyrhénéenne, à son tour, est traversée par cette masse qui arrive aux côtes de France, et enfin
sur celles d'Espagne. Là, changeant une dernière fois de route,
elle tire au sud, puis au sud-est, pour s'alimenter des eaux

amenées par le détroit de Gibraltar, qui lui permettent de recommencer sa perpétuelle rotation.

D'après ce qui vient d'être dit, ce courant doit nécessairement faire participer le nord de la Méditerranée à la chaleur acquise le long des côtes africaines, et de là, sans doute, l'égalité très-remarquable déjà observée à l'égard des températures superficielles de cette mer ; mais cette même égalité se trouve aussi dans ses grandes profondeurs, à l'inverse de ce qui arrive dans l'Océan. En effet, celui-ci contenant des courants sous-marins qui transportent les eaux des mers glaciales jusque vers l'équateur, montre par cela même, entre les tropiques, des températures inférieures de 22 à 25° à celles de la surface ; pour la Méditerranée, au contraire, les profondeurs de 500 à 600 mètres présentent encore des températures constantes de 10°. Cette différence provient de ce que, dans cette mer, un contre-courant inférieur sortant du détroit de Gibraltar, vient mettre un perpétuel obstacle à l'entrée des eaux polaires, de manière à maintenir l'uniformité générale susmentionnée.

Je ne sais si je me trompe, mais il me semble que voilà, dès à présent, bien des causes de nature à motiver l'existence de générations spéciales, et dont le domicile sera exclusivement méditerranéen. Il convient néanmoins de rappeler ici que M. Valenciennes, à l'occasion de la petitesse constante des harengs de la Manche, et de la grosseur de ceux de la mer Blanche, critique l'explication que l'on serait tenté de donner du fait en l'attribuant à l'influence climatérique. Il regarde cette solution comme étant très-vague, quoiqu'elle semble satisfaire d'abord l'esprit qui se contente souvent d'une réponse peu solide, si elle ne répugne pas à la raison. « Mais que l'on sonde, ajoute-t-il, les difficultés du problème, et l'on verra notre ignorance, d'un phénomène aussi extraordinaire, déguisée par l'incertitude de ce grand mot. Comment concevoir, en effet,

que par la seule influence du climat, la nourriture assimilée
dans la nutrition intime par telle plante lui fasse prendre un
développement considérable dans une région, et rester petite
ou rabougrie dans telle autre, où cependant elle végète, elle
développe ses organes de reproduction, et où elle remplit,
comme l'autre, les mêmes phases de conditions vitales, sans
atteindre jamais la même grandeur? Il faut donc admettre la
résidence des harengs sur des fonds différents, où la diversité
de la grandeur et de la grosseur constitue autant de variétés
qui se perpétuent par voie de génération. »

Sans doute il serait facile d'alléguer, contre la trop large
portée de la critique de l'illustre savant, quelques preuves
directes au sujet de l'influence très-réelle des climats sur certains végétaux, soit que l'on considère leur distribution, soit
que l'on tienne compte de leur état de rabougrissement sur les
sommités montagneuses, comparativement au majestueux développement qu'ils acquièrent dans les contrées moins élevées ;
soit encore que l'on veuille se borner à envisager leurs qualités,
lesquelles doivent réagir sur les animaux dont ils font la nourriture.

Cependant, les discussions à ce sujet étant de nature à nous
écarter trop loin du but, j'admettrai, sans plus ample com-
mentaire, qu'une certaine différence dans la constitution des
fonds peut également jouer un rôle dans l'internement de
nos poissons. En effet, les prairies sous-marines qu'ils fréquentent contiennent nécessairement des végétaux qui ne sont pas
identiques à ceux de l'Océan, et par conséquent le fourrage
qu'ils produisent n'est pas le même. Laissant d'ailleurs de côté
ce qui a été dit au sujet du contenu en sel des diverses mers,
ainsi que l'excès de magnésie qui se manifeste dans les eaux
de la Méditerranée, je vais m'attacher de préférence à faire
ressortir le résultat des recherches de M. Risso, au sujet des
divers étages dans lesquels se maintiennent certaines espèces.

En cela j'atteindrai un double but : d'abord, celui de mettre
en relief les préférences des animaux de cette classe ; et en
second lieu, je reproduirai quelques aperçus au sujet des profondeurs dans lesquelles certaines assises de l'écorce terrestre ont pu se former. Il est du moins admissible que les
positions spéciales affectées par les poissons doivent, jusqu'à un
certain point, donner les équivalents d'autant de sondages
opérés durant les anciennes périodes géologiques, et cette
assertion qui présente, au premier aspect, quelque chose
de paradoxal, va bientôt se trouver classée au rang des principes scientifiques dont l'expérience doit sanctionner la valeur.

On conçoit, par exemple, que les poissons et les mollusques dont les yeux sont conformés de manière à voir au milieu d'une grande obscurité, pourront vivre dans les profondeurs où il pénètre à peine quelques rayons de lumière. C'est
ainsi que les genres méditerranéens, qui stationnent à des profondeurs qui dépassent 660^m, n'ont que des écailles faiblement adhérentes ; leurs vessies natatoires sont très-vastes ;
leurs teintes sont peu variées ; enfin, leurs organes visuels ont
une dimension disproportionnée avec l'ensemble de leur corps.
Quelques autres corrélations entre l'organisation des animaux
et les milieux qu'ils sont destinés à habiter, se manifesteront
encore dans cette croûte dure qui permet à certains poissons
de résister à des chocs, par lesquels les espèces à peau délicate seraient infailliblement détruites. Celles-ci habiteront donc
de préférence les points où le mouvement des vagues est peu
sensible, tandis que les autres affronteront les écueils.

Les espèces peu garnies d'écailles et de dents, espèces qui
sont par conséquent très-vulnérables, n'échappent aux pour-
suites de leurs ennemis qu'en séjournant dans les lieux vaseux
que recouvrent des eaux troubles, par lesquelles leur présence
est dissimulée.

Enfin, les poissons voyageurs, destinés à parcourir de grands espaces pour saisir leur proie, sont munis de fortes nageoires et d'armes puissantes.

Peu de stations se présentent d'une manière plus favorable que le golfe de Nice, pour étudier ce genre d'harmonie. On y trouve toutes les profondeurs désirables. Étant de plus abrité par les Alpes, ses eaux sont tièdes, tranquilles et limpides, de manière qu'une multitude de productions végétales, de crustacés et de poissons peuvent s'y développer librement. C'est aussi là que M. Risso est arrivé aux intéressants aperçus que je vais détailler d'après ses données.

Les grands abîmes ne sont fréquentés que par les alépocéphales, les pomatomes, les chimères et les lépidolèpres.

Les profondeurs moindres sont la demeure habituelle des merlans, des molves, des phycis, des soldados, des citules, des sérioles, des tétragonures, des castagnolles, etc.

Dans beaucoup de lieux, un fond fangeux et couvert d'environ 300^m d'eau est le refuge des raies, des lophies, des céphaloptères, des leptopodes, des apteriches, des pleuronectes, et en général de tous les poissons à chair molle ou baveuse.

En remontant à la profondeur de 150^m, on arrive à la région des coraux et des madrépores, qui est le séjour des balistes, des chaulioles, des murénophis, des lichies, des dentés, des péristidions et de quelques trigles.

Au-dessus de cette zone, la végétation des algues et des caulinies se développe ; c'est là que stationnent de préférence les ophidies, les stromatées, les murènes, les vives, les scorpènes et les uranoscopes.

Viennent ensuite les rochers du rivage couverts de varecs ou fucus, de céramiums, et de conferves; ils sont parcourus par les blennies, les clines, les gobies, les callionymes, les syngnathes, les centrisques et tous les autres poissons littoraux.

Enfin, les plages très-légèrement inclinées, formées de

galets et de sables , sont recherchées par les lépadogastres, les lépidopes, les ammodytes, les anchois, les muges, les labres, les crénilabres, les osmères , les scopèles , les gymnêtres , les clupanodons, etc.

Des études du même genre ont été faites au sujet des mollusques océaniques, et M. Broderip a reconnu, par exemple, que les térébratules peuvent s'établir depuis 18^m jusqu'à 165^m de profondeur, tandis que les anomies se tiennent pour ainsi dire à fleur-d'eau, c'est-à-dire de 0^m,0 à 22^m,0 au-dessous de la surface. Mais de plus amples détails nous écarteraient trop loin de notre objet actuel, et notre temps sera mieux employé en faisant ressortir des phénomènes'd'un autre ordre, quoique toujours physiologiques et géologiques, et c'est ce dont il va être question dans le chapitre suivant.

E. Influence du changement de composition des eaux de la mer sur certains poissons.

Plusieurs espèces de poissons sont organisées de manière à se prêter à des changements très-notables dans la composition chimique du milieu où elles stationnent , tandis que d'autres sont incapables de supporter l'effet de ces modifications, et périssent aussitôt que celles-ci surviennent. Les lacs ou les étangs sujets à être envahis par la mer ont permis entre autres de faire des remarques très-importantes à cet égard. Ainsi, dans un lac d'eau douce formé, sur les côtes d'Angleterre, par l'amoncellement d'un banc de galets, le géologue Labèche a trouvé, vivant en compagnie, une grande quantité de truites, de perches, de brochets, de rougets et de carrelets, poissons appartenant les uns aux eaux douces, et les autres aux eaux salées. D'ailleurs ils s'accommodaient tous fort bien des changements de nature de leur élément ; car, à l'époque des hautes marées d'hiver, les flots étant soulevés par les tempêtes, l'eau marine s'infiltrait au travers des galets, de manière que celle du lac devenait saumâtre. Cependant, la violente tempête de 1824 ayant fait pénétrer l'eau de mer, en masse, dans le bassin, tous les poissons périrent à l'exception d'un petit nombre qui suffit pour le repeupler au bout de cinq années.

Les particularités du même genre sont assez fréquentes dans la Méditerranée. A Didyma, l'une des îles Éoliennes, un lac également séparé de la mer par un simple cordon de galets, contient habituellement des eaux douces; mais il est arrivé que de violentes bourrasques y ont projeté des muges, avec une grande quantité d'eau salée. Ces poissons se plai-sent dans les lieux où les eaux des rivières se mêlent à celles de la mer, de manière à former un ensemble à peine saumâtre, dans lequel les pêcheurs tendent leurs filets pour prendre les muges. Jusques là la situation de ceux de Didyma n'était donc pas trop pénible; mais ils avaient à subir l'influence d'une autre modification. En effet, l'évaporation concentra les sels au point de rendre la salure excessive, et cependant les muges continuè-rent à vivre, et, de plus, à multiplier. Ajoutons que ces poissons ayant été pêchés au bout de quelque temps, furent trouvés de très-bon goût.

Darluc a encore observé qu'aux extrémités de la Crau, l'étang d'Istres, dont les eaux sont beaucoup moins salées que celles de la mer, était de son temps presque entiè-rement pavé de moules. Ces testacés périssaient quand, à la suite des grandes averses, la salure était pour ainsi dire complé-tement effacée. Réciproquement la mortalité survenait de nou-veau par l'effet d'une trop grande concentration provenant des chaleurs de certains étés. Cependant ce même étang con-tenait à la fois des serrans, des athérines, des muges, des dorades, des loups, des anguilles, et même quelques carpes dont le frai était probablement amené par le canal de Craponne. Depuis cette époque, la continuité de l'introduction des eaux étrangères a fait disparaître complétement l'ancienne salure , et l'étang a acquis les propriétés malfaisantes des marais. Par contre , l'étang de la Valduc, dont la salure est excessive , fait périr l'anguille , et nul autre poisson ne peut y vivre.

Sur le littoral languedocien , l'étang de Thau, qui communique avec la mer par le port de Cétte, présente une complication encore plus intéressante à cause du rôle qu'y joue la chaleur. Du fond de cette vaste pièce d'eau salée, il surgit d'un gouffre nommé Avysse (*Abyssus*) une forte source d'eau douce , que sa température moyenne et constante fait paraître chaude en hiver. Son mélange doit nécessairement modifier la constitution chimique du liquide ambiant. Cependant , loin de répugner à ce changement, le poisson attiré , au milieu de la saison froide , par une douce tiédeur, se réunit à l'entour des bouches de l'Avysse , de manière que les pêcheurs y font d'abondantes captures.

A peine est-il nécessaire de rappeler maintenant les expériences faites par divers observateurs, au sujet des mollusques qu'ils ont transportés de l'eau douce dans l'eau de mer, et réciproquement. La plupart de ces animaux ont continué à vivre , quand toutefois la nature des liquides était changée graduellement, car toute altération brusque dans un sens ou dans l'autre avait pour résultat d'occasionner la mort des sujets.

Eh bien ! cette aptitude propre à certaines espèces, de se prêter à de pareils changements , donne l'explication d'un fait qui , pendant longtemps, a tenu les géologues en suspens. Ils avaient observé, entre autres , dans les terrains les plus modernes , un singulier mélange de bulimes, de lymnées, de planorbes, avec des cardites , des peignes , des huîtres et autres espèces marines. Pour rendre raison de cette promiscuité, on supposa d'abord des retours périodiques de l'eau de mer, puis de l'eau des fleuves, de manière que les générations de ces animaux aquatiques auraient été tour à tour détruites et remplacées par d'autres. Mais de pareilles récurrences , faciles à admettre s'il n'eût été question que d'un petit nombre d'oscillations, se trouvaient déjà entachées de suspicion, du moment où il fut démontré que, pour certaines localités , il ne fallait rien moins que l'hypothèse d'une cinquantaine d'irruptions de la mer. Elles devinrent même impossibles à soutenir, quand on se fut assuré que ces mollusques sont placés les uns à côté des autres, et non pas les uns au-dessus des autres par étages alternatifs. Il fallut donc recourir à l'observation ainsi qu'à l'expérience, et dès lors on comprit que les terrains où se montrent ces mélanges doivent avoir été formés dans des bassins peu profonds, recevant des rivières ou des fleuves capables d'en tempérer la salure. C'est ainsi que sur les parties les plus littorales de la Camargue on trouve , dans les sables et dans les limons, une confusion insolite de têts provenant, les uns des mollusques du Rhône, et les autres des mollusques du littoral.

Les terrains jurassiques du Bugey doivent surtout être cités comme offrant des exemples de ces confusions de diverses espèces, et je prendrai la liberté de m'appuyer ici sur les résultats capitaux des belles découvertes de mon collègue et ami M. Thiollière, qui, avec une rare générosité, fait exploiter à Cirin, dans l'intérêt de la science, une carrière de pierres lithographiques riches en restes de poissons. Ces calcaires, ainsi que les schistes bitumineux qui sont immédiatement recouverts par les couches à polypiers du coral-rag, sont évidemment d'origine marine. En effet, les mollusques céphalopodes et brachiopodes qu'on trouve dans ces dépôts n'ont d'analogues vivants que dans la mer ; les *Belemnobatis* et *Spathobatis* de Cirin, qui sont évidemment des genres de raies, ne doivent pas avoir eu leur *habitat* dans l'eau douce. Il en est de même , très-probablement, des pycnodontes, dont la dentition se rapproche beaucoup de celle des poissons actuels faisant leur nourriture des coquillages marins.

Mais, avec ces espèces, on trouve pêle-mêle les restes d'autres poissons, dont, aujourd'hui, les analogues ne sont connus que dans des fleuves et dans des lacs d'eau douce. Tels sont, du moins en partie, ceux pour lesquels M. Agassiz a cru devoir établir son ordre des ganoïdes. Il est encore infiniment probable que parmi les poissons à squelette osseux, de la division des malacoptérigiens abdominaux, qui ont commencé à paraître à l'époque jurassique, il en est, les thrissops par exemple, dont le séjour a dû être indifféremment dans la mer ou dans l'eau douce. Leurs parties solides rappellent beaucoup le type de nos clupes, et en particulier celui des aloses. Les débris de tortue recueillis à Cirin par M. Thiollière, lui avaient d'abord semblé pouvoir appartenir à quelques genres marins ; mais, depuis, d'autres fragments sont venus montrer que les extrémités de ces tortues étaient conformées comme celles des espèces d'eau douce.

La flore des couches coralliennes offre également un mélange de plantes marines et de plantes qui ne le sont pas. Les schistes lithographiques de la Bavière contiennent beaucoup de débris appartenant au groupe des algues, indépendamment des espèces rapportées par erreur à cette classe, tandis que dans le Bugey, les dépôts exactement contemporains et semblables à ceux de Solenhofen, ne renferment, un peu communément, que des cycadées, des conifères et des fougères. La quantité des feuilles de *zamites* qui s'est accumulée dans les couches d'Orbagnoux, de Morestel, etc., est telle, que la décomposition de ces végétaux, a surchargé les schistes de bitume. Une pareille abondance, l'intégrité des empreintes, ainsi que la structure régulière et schistoïde des strates, démontrent que ce n'est point par un charriage temporaire qu'il faut expliquer l'accumulation de ces végétaux, mais qu'ils ont dû d'abord couvrir de leurs frondes vivantes la surface des eaux calmes et peu profondes, sous lesquelles ils ont été ensuite ensevelis par les substances calcaires et argileuses que ces mêmes eaux ont laissé déposer. Existe-t-il de nos jours des cycadées qui pullulent dans une station semblable ?

Il serait facile d'étendre ces importants aperçus à d'autres terrains beaucoup plus anciens, et que l'on a jugé à propos, de rattacher aux dépôts d'eau douce, par la raison qu'ils contiennent, entre autres, des restes de poissons dont les analogues, actuellement vivants, fréquentent des eaux du même genre. Mais, les discussions à ce sujet étant de nature à mener fort loin, il suffira de déclarer, en passant, aux paléontologistes enclins à se laisser guider aveuglément d'après les principes de leur science naissante, que la géologie, d'accord en cela avec les études concernant les habitudes des poissons, n'est nullement portée à faire, par exemple, d'une portion quelconque d'un terrain houiller de la France, un résidu lacustre, tandis que l'Angleterre offrirait le type d'une formation houillère marine. Admettre de pareils arrangements, ce serait taxer la nature d'une impuissance fort peu d'accord avec ce qui est connu au sujet de l'énorme extension des mers primordiales ; ce serait encore désespérer de l'avenir industriel de notre pays, en partant de quelques obscurités, dont les études géologiques font justice de jour en jour. N'oublions pas que dans ces temps reculés, la structure orographique du globe n'avait pas de rapport avec sa configuration actuelle. En conséquence, la météorologie a dû être essentiellement différente, et le régime hydrographique devait s'en ressentir. Il n'est donc pas improbable qu'un triage moins complet entre les eaux douces et les eaux salées a fait prédominer des masses d'autant plus saumâtres, qu'à leurs sels propres, il ne s'était pas encore ajouté ceux qui proviennent de la décomposition ainsi que de la lixiviation continuelle des roches plutoniques. En résumé, c'est avec l'intention de coordonner quelques matériaux, pour les besoins de la géologie, que je vais m'occuper des poissons qui, de nos jours, vivent dans des eaux de diverses natures.

F. Des Poissons migrateurs en général.

Les détails dans lesquels on est entré précédemment suffisent pour démontrer combien il est difficile de poser une ligne de démarcation entre les poissons de mer et ceux d'eau douce. Le vague de cette limite ne surprendra d'ailleurs pas les observateurs familiarisés avec les transitions de tous genres ménagées par la nature. Cependant, comme il faut s'arrêter à un certain terme, et les majorités faisant loi, on peut maintenir les distinctions générales, en établissant en outre une sorte de moyen terme comprenant les espèces qui participent de l'un et de l'autre régime. En cela, toutefois, il convient de faire abstraction des poissons que le simple hasard d'une cause accidentelle force à vivre dans un liquide différent de celui qu'ils fréquentent d'habitude, et se borner à envisager ceux que des causes énergiques portent à se déplacer périodiquement, soit qu'il s'agisse pour eux de trouver une nourriture plus appropriée à la saison, soit que les mystères de la reproduction les obligent à rechercher, dans des excursions plus ou moins lointaines, quelques accessoires indispensables à la fécondation.

Ces poissons, considérés dans leur ensemble, sont habituellement désignés, à tort ou à raison, sous le nom de *poissons de passage* ou de *poissons voyageurs*, par opposition aux *poissons domiciliés ;* mais ici se fait sentir la nécessité de quelques nouvelles distinctions. En effet, parmi les voyageurs, il en est qui se contentent de parcourir les vastes bassins des mers; d'autres passent des eaux salées dans les eaux douces, et ce sont ceux-ci que je désignerai plus spécialement sous le nom de *poissons migrateurs*. Ils ont d'ailleurs de tout temps fixé l'attention, car déjà les anciens Grecs leur avaient imposé le nom de d'*anadromoï*. Cependant, à mon avis, on n'a pas assez insisté sur ce fait capital, savoir : que les uns se livrent à des pérégrinations lointaines dans les fleuves, d'autres ne remontent qu'à de petites distances dans les diverses eaux qu'ils rencontrent successivement sur les littoraux. Je proposerai donc d'établir encore, à cet égard, une autre distinction en *poissons petits migrateurs* et en *poissons grands migrateurs*.

Une question nettement posée, est, dit-on, à moitié résolue. D'après ce principe, il suffirait, dès à présent, de désigner catégoriquement les espèces que je crois devoir ranger dans chacune des deux subdivisions ; malheureusement, c'est ici que la pénurie des données apparaît aussitôt de la manière la plus flagrante. Je serai donc souvent dans le cas de me borner à de simples indications. Puissent-elles faire connaître les *desiderata* de la science ! En tous cas, pour mettre autant d'ordre que possible dans mon exposé, j'arrangerai les espèces suivant l'amplitude de leur trajet dans les rivières.

G. Poissons petits migrateurs.

On ne doit évidemment pas ranger parmi les poissons migrateurs, dans le sens attribué à ce mot, l'anchois vulgaire (*Clupea encrassicholus*, Lin.), la sardine (*Alausa Pilchardus*, Valenc), le thon commun (*Scomber Thynnus*, Lin.), le maquereau (*Scomber scomber*, Lin.), poissons dont les innombrables phalanges apparaissent sur les côtes à diverses époques, et stationnent plus ou moins longtemps dans les embouchures des fleuves, là où l'eau est déjà presque douce. S'ils s'égarent quelquefois plus haut, ce n'est pour ainsi dire qu'autant qu'ils sont poursuivis par des ennemis plus puissants, l'anchois ainsi que la sardine par le thon, par le maquereau, par le dauphin, et les uns comme les autres par les squales.

Cependant, quelques-uns de ces chasseurs montrent déjà une certaine propension à se fixer au débouché de ces mêmes rivières ; ainsi l'ange, espèce de squale, désignée sous le nom vulgaire de *Pei-angi*, fréquente la côte durant l'été, et se cache au milieu des sables du Rhône.

Parmi les autres poissons qui sont dans l'habitude de s'embusquer de la même manière, on peut citer d'abord le turbot (*Rhombus barbatus*, LIN.), qui apparaît sur le littoral, de mai en décembre ; il se tient de préférence caché sous le sable et dans la boue, pour saisir les petits poissons qui descendent ou qui remontent les rivières. C'est ainsi qu'il passe son temps à l'embouchure du Var, comme dans celle du Rhône, où l'on en pêche de fort gros. Ce poisson étant d'ailleurs également océanique, il se trouve de même aux extrémités de la Seine et de l'Elbe, fleuve qu'il remonte, dit-on, assez haut.

La Plie (*Pleuronectes platessa*, LIN.) présente les mêmes caractères, se cachant durant l'hiver dans les étangs salés, tels que celui de Montpellier, où elle dépose ses œufs au printemps. Pour atteindre ce but, elle s'avance également dans les rivières fangeuses, et l'on mentionne entre autres l'étendue de son parcours au milieu de celles de l'Angleterre, malheureusement sans donner une idée plus exacte de ces trajets.

Au surplus, on remarquera que, dans la majeure partie de ces positions, les crues ainsi que les vents faisant varier singulièrement la ligne de démarcation entre les deux liquides, il en résulte un mélange assez remarquable de plusieurs espèces marines avec diverses espèces d'eau douce, et le Rhône doit surtout être cité sous ce rapport.

Passons actuellement à d'autres espèces mieux caractérisées quant à notre point de vue.

K. Melette.

La melette (*Clupanodon phalerica*, RISSO) fraye dans les moyennes profondeurs de la mer ; elle apparaît en hiver et en été près des plages de galets, sur les côtes de Marseille, de Toulon, et remonte assez loin dans les rivières du Var. Je dois ajouter ici que divers auteurs parlent encore d'une melette regardée comme n'étant qu'une jeune sardine, et qui

vit, confondue avec celles-ci, ou avec les anchois, aux embouchures du Rhône, que d'ailleurs elle ne remonte pas.

L. Melet.

Le sauclet, melet, cabassoun (*Atherina hepsetus*, Linn.),
est encore cité comme vivant parmi les sardines et les anchois ;
mais il remonte dans les rivières. Le sauclet est à la fois un
poisson océanique et méditerranéen. En effet, on le trouve
aux Canaries ; d'un autre côté, on le rencontre pendant toute
l'année dans les diverses parties de la Méditerranée, à Malaga,
à Algésiras, à Iviça, à Malte, en Sicile, à Naples, à Rome ;
il existe par milliers dans les canaux de Venise ainsi que dans
toute l'étendue du littoral français. Ce poisson ne craint d'ailleurs pas les eaux saumâtres, puisqu'il a été cité au nombre des
poissons de l'étang d'Istres dont on a précédemment fait connaître les remarquables transformations. Par la même raison,
il fréquente la Caspienne, qui reçoit les eaux de plusieurs
grands fleuves, et de même encore il se trouve en immenses
troupes le long des côtes septentrionales de la mer Noire. Au
surplus, ce poisson remonte quelques rivières, notamment
celles des environs de Nice, où il s'égare dans les petits
affluents pour retourner ensuite à la mer, son séjour de prédilection.

M. Loup.

Le loup (*Perca labrax*, Lin.) est un poisson dont la taille,
les qualités de la chair ont fait un objet recommandable pour
l'appétit des gastronomes, tandis que ses habitudes excitaient
l'attention des naturalistes, depuis Aristote jusqu'à nos jours.
Il me sera donc facile de faire ressortir les points capitaux de
son histoire. Ce poisson appartient aux parties méridionales de
l'Europe et remonte jusqu'en Afrique ; ainsi on le voit, toute
l'année, dans la Méditerranée, en Égypte, en Grèce, dans
l'Adriatique, en Italie et sur le littoral français. Il est

également connu dans l'Océan quoiqu'il y soit moins commun ; on le voit, par exemple, sur toute l'étendue des côtes, depuis le golfe de Gascogne jusque vers l'embouchure de la Seine. Il fréquente aussi les bords de l'Angleterre, mais déjà en petit nombre et n'étant d'ailleurs mentionné dans aucune faune des contrées plus septentrionales, il faut en conclure qu'il ne dépasse la Manche qu'accidentellement.

Cette perche, qui fraye deux fois dans le courant de l'année, recherche les plages de galets ; elle pénètre dans les étangs salés de la Provence ainsi que du Languedoc, et remonte aussi dans les rivières pour y déposer quelquefois ses œufs sur les bancs de sable ; c'est ce qui arrive, d'après M. Risso, dans les environs de Nice. On en a capturé dans l'Huveaune, non loin de son confluent avec le Jarret ; elle est également commune dans le Rhône. D'ailleurs, la même tendance à la divagation avait déjà été observée par les anciens, car Archestrate appelait *Enfants des Dieux* les loups du Gison, petit cours d'eau qui s'écoule dans la mer, près de Milet.

Le sensualisme romain déjà si raffiné du temps d'Auguste, dût naturellement s'attacher à établir des distinctions dans les qualités du poisson, suivant ses divers gisements. En gros, il était classé de la manière suivante : au premier rang, se trouvait celui que l'on prenait en pleine mer ; venait ensuite le loup des étangs littoraux ; puis le labrax des embouchures ; et enfin, au quatrième rang, on plaçait le poisson capturé dans le lit même des fleuves où il se nourrit de matières fangeuses, ou de poissons alimentés de ces substances. Cette distinction éprouvait cependant quelques modifications en raison des époques. Dans certains temps on accordait la préférence au loup de rivière, que l'on dédaignait dans d'autres saisons ; mais les poissons jeunes, tachetés, de petite taille, du Tibre, et plus spécialement ceux qui étaient pris entre les deux ponts, conservaient en tout temps une prééminence marquée ; et rien

de cela ne doit étonner quand on se souvient des qualités si
diverses de la carpe, suivant qu'elle a été nourrie dans les
étangs ou dans les eaux vives. Il est donc vrai que si Horace
tourne en plaisanterie le prétendu discernement de ses compatriotes, qui se vantaient de reconnaître au seul goût les
poissons provenant de la pleine mer, du Tibre, ou d'entre
les deux ponts, par contre aussi, voit-on Columelle faire la re-
commandation d'employer, de préférence, les labrax non
tachetés pour empoissonner les rivières et les étangs d'eau
douce. Quant à nous, il nous faut croire que nos habiles pisciculteurs de la capitale n'ont pas perdu de vue les prescriptions
du savant agronome romain, et déjà la province se complaît
dans la pensée de voir les plus délicats des loups abonder sur
ses tables à la suite d'un brillant voyage sur le rivage méditerranéen dont elle s'est empressée d'accepter tous les co-
rollaires?

Un dernier détail se recommande plus spécialement à notre
attention. Aristote avait déjà signalé le loup comme étant susceptible d'être fortement affecté par le froid, et il attribuait
sa mort par la gelée, aux pierres (osselets) qu'il contient dans
sa tête. L'excellent ichthyologiste languedocien, Rondelet,
chez lequel on est dans l'habitude de puiser tant de documents,
sans lui rendre la justice qu'il mérite, confirme le dire de son
devancier, mais en donnant pour explication l'habitude de ces
poissons, et surtout des vieux, de nager près de la surface.
Aussi, les pêcheurs du Languedoc les trouvent souvent
morts dans les étangs, tandis que les loups qui demeurent cachés
dans le sein des eaux, ou encore au fond des *gours* (concavités
profondes) sont moins blessés par l'intempérie. On verra la reproduction des mêmes assertions à l'égard du muge, de la
daurade, et des autres poissons chez lesquels les pierres ou
les osselets en question sont également très-développés.

N. Muge.

Le muge à grosse tête, muge ordinaire, mulet (*Mugil capito*, Cuvier), est commun toute l'année dans la Méditerranée, dont il évite cependant les parties éloignées des côtes. C'est ainsi qu'on le voit sur le littoral de l'Algérie, de l'Italie, de la Provence et du Languedoc. Son domaine s'étend également dans l'Océan.

Ce poisson affectionne aussi les étangs; il a été cité au nombre des poissons qui se trouvaient dans celui d'Istres; il pénètre en grande quantité, vers la fin du printemps, dans celui des Martigues pour y frayer. Il hiverne dans ceux du Languedoc, où il trouve les limons des eaux douces amenés par les torrents; il est encore bien connu dans l'étang d'Orbitello en Toscane, ainsi que dans les lagunes de Comachio près de Ferrare. Enfin, il ne faut pas oublier les vicissitudes qu'ont eu à supporter ceux de l'étang de Didyma.

Au printemps ainsi qu'en été, des troupes nombreuses de ce poisson s'enfoncent jusqu'à plusieurs lieues de distance dans les embouchures des rivières de l'Algérie, du Piémont, de la Provence et du Languedoc, telles que la Roya, le Var, l'Argens, et le Lèz près de Montpellier. Il en est de même pour le Rhône, où quelques sujets demeurent pendant l'automne, et souvent aussi durant tout l'hiver. Les muges se livrent d'ailleurs à des trajets du même genre dans la Garonne, dans la Loire et dans la Seine.

On estime spécialement les muges des étangs de Thau et des Martigues; ils sont considérés comme étant doués de qualités moins avantageuses quand ils sont pris auprès de Marseille, de Gênes, de Civita-Vecchia, de Naples, ainsi que dans les lagunes de Ferrare et de Venise. Au surplus, on voit se reproduire à leur sujet les discussions analogues à celles qui ont déjà été relatées à l'occasion des loups; car, dit-on, ceux des étangs sont plus gras, ceux de la mer ont meilleur goût, mais ceux des eaux douces l'emportent ; enfin, en été, ils sont plus fortement imprégnés de l'odeur de la vase qu'au printemps.

Il est inutile d'insister sur l'histoire des captures qui, au dire des anciens, se faisaient près des étangs du Languedoc, en commun, entre les dauphins et les pêcheurs. La prétendue association a été expliquée d'une façon fort naturelle par Belon, quand il a fait remarquer que les cétacés en question entourent, resserrent, poussent vers le rivage, et surtout dans les golfes, les anchois, les muges et autres poissons auxquels ils font la chasse ; ils facilitent, par cela même, les captures des pêcheurs.

Une autre particularité, plus essentiellement physique, doit compléter nos aperçus au sujet de ce poisson. D'après Rondelet, il aime la pluie, quoique cependant une pluie trop abondante l'aveugle et le fasse même périr. Ce savant ichthyologiste, après avoir fait remarquer que le muge contient aussi des pierres dans la tête, attribue sa mort au refroidissement de l'eau le long des rivages près desquels ce poisson se maintient selon son habitude.

Les muges sont, depuis plus d'un siècle, un objet de pisciculture sur le littoral d'Arcachon près Bordeaux, où l'on a établi des réservoirs dont quelques-uns ont plus de 20 hectares de superficie. Les digues de ces bassins sont munies d'écluses garnies elles-mêmes de filets disposés de manière qu'au moment de l'ouverture des vannes, pendant les hautes marées, l'eau marine se précipitant dans le bassin, y apporte un mélange d'algues, et de jeunes poissons qui, retenus d'un côté par la violence du courant, de l'autre par les filets et empêtrés dans les herbes, ne peuvent plus s'échapper. A la fin de la marée on retire les filets pour rejeter les herbes, et pour placer définitivement le fretin dans les réservoirs. On lui donne pour compagnons de petits turbots, de jeunes carrelets qui grandissent avec lui, et les anguilles se multiplient d'elles-mêmes sur ces fonds vaseux. Les bassins en question ne sont livrés à la consommation que durant l'hiver, lorsque les tourmentes viennent mettre obstacle à la pêche qui se fait d'habitude au large.

O. Daurade.

La daurade vulgaire (*Sparus aurata*, Linn.) est un poisson qui craint le froid ; il a des pierres dans la tête ; et ce qui est plus concluant, c'est la remarque faite par Duhamel au sujet de la mortalité qui frappa ceux des lacs d'eau douce de la Sardaigne, durant le long, le rigoureux et très-sec hiver de 1766. En hiver aussi, il quitte les rivages pour se retirer dans les profondeurs, et c'est ainsi qu'il échappe à l'influence du froid. Dès lors, on conçoit facilement qu'il affectionne de préférence les mers chaudes ou tempérées, telles que la Méditerranée, où il se montre à peu près partout, sur les bords de l'Algérie, des états Tunisiens, de la Grèce, de Malte, de l'Adriatique, de la Romagne, de la rivière de Gênes, du golfe du Lion et de l'Espagne. Il existe également dans l'Océan, sur les côtes de la Galice, puis successivement jusqu'en Angleterre, où s'arrêtent ses divagations vers le nord. On le retrouve en Amérique, au cap de Bonne-Espérance, au Japon et dans l'Inde. Ce poisson est d'ailleurs moins estimé lorsqu'il provient de l'Atlantique que quand il est pêché dans la Méditerranée.

La daurade ne quitte guère les rivages ; étant encore petite, elle pénètre dans les étangs salés où elle contracte quelquefois un goût de vase. Cependant, il n'en est pas de même dans les étangs profonds et limpides ; ainsi, chez nous, on estime fort celle d'Hyères, des Martigues, de Lattes et de Thau, bassins où elle grossit avec une telle rapidité, qu'elle acquiert, avec des qualités supérieures, un poids triple dans le cours d'un seul été.

La daurade se montre aussi dans les lacs d'eau douce de la Sardaigne ; les Romains l'ont transportée dans divers lacs intérieurs. Le pisciculteur Sergius Orata, ainsi surnommé à cause de ce poisson, et qui, de plus, passe pour être l'inventeur des viviers de poissons de mer, l'avait introduit dans le lac de Lucrin, dont il s'était presque entièrement emparé ; c'est de là que ses compatriotes tiraient les pièces les plus estimées, dont ils faisaient souvent l'acquisition à des prix énormes; ils avaient d'ailleurs soin de repeupler chaque année ce bassin.

Ces spares frayent en été, principalement aux embouchures qu'ils remontent, de manière à vivre complétement dans les eaux douces. Devenant alors plus délicats que leurs congénères qui séjournent perpétuellement dans la mer, Duhamel et Bloch ont insisté sur l'idée de les multiplier dans les étangs, où leur chair serait rendue encore plus savoureuse. Il ne reste donc plus qu'à accomplir cette tâche, et nous devons espérer que les Sergius ne nous manqueront pas.

P. Rouget barbet.

Le rouget barbet (*Mullus barbatus*, LINN.) est un poisson moins frileux que la daurade, car il remonte dans l'Atlantique depuis les côtes du Portugal et de l'Espagne jusqu'à celles du nord de la France, de l'Angleterre, et même jusqu'en Hollande et en Danemark, mais il est déjà rare dans ces trois dernières stations. Dans la Méditerranée, on le trouve près de la France, de la Romagne, de la Grèce, de l'Egypte, ainsi que des îles de la Sardaigne, de Malte et de Candie. Il passe d'ailleurs dans la mer de Marmara et dans la mer Noire.

Ce poisson est célèbre par le rôle qu'il jouait dans les révoltantes orgies des Romains. Ces maîtres du monde ne se contentaient pas de le charger de tous les assaisonnements capables d'exciter l'appétit; ils avaient encore imaginé d'en faire l'objet d'une barbare futilité. En effet, au-dessous de ses écailles transparentes, le rouget possède une belle couleur rouge qui est susceptible d'éprouver diverses modifications par la cuisson. Pour jouir de la vue de ces changements, ils faisaient nager le poisson dans des bassins dont les parois étaient en cristal, et dans lesquels arrivait un filet d'eau chaude, de manière à le cuire tout vivant, et graduellement comme à feu lent. Les nuances de cinabre éclatant devenaient ainsi successivement pourpres, violettes, bleuâtres, enfin blanches, au fur et à mesure que l'animal éprouvait davantage les tortures d'une lente et cruelle agonie. Pour se rassasier de ce spectacle, on payait certains rougets la valeur de leur poids en argent, et quelques-uns ne pèsent pas moins de 2 à 2 kilog. 500 gr.

Dirigées dans un sens scientifique, des expériences de ce genre auraient pu exercer la sagacité d'un Chevreul, soit qu'à titre de chimiste, il fallût envisager les réactions causes de la variabilité des teintes, soit que sous le point de vue du physicien il fût question d'étudier la succession des effets optiques, le tout dans le but de généraliser les faits, et d'en tirer quelques conséquences utiles. Mais alors il ne s'agissait pas de recherches d'un ordre aussi élevé. Les Romains, déjà foncièrement abêtis par les irrésistibles effets de leur centralisation, s'ébahissaient à l'aspect des irritations ainsi que des contorsions de l'animal, se débattant au milieu des étreintes de la souffrance, et leur niaiserie était satisfaite du changement de décoration qui venait s'ajouter aux angoisses de la mort, à l'égard desquelles l'abus du cirque les avait complétement blasés.

Q. Surmulet.

Le surmulet (*Mullus surmuletus*, LINN.) est un poisson plus septentrional que le rouget. Celui-ci devient rare dans la Manche, l'autre arrive jusqu'au Holstein et en Suède. Il apparaît plus fréquemment sur les côtes de l'Angleterre, de mai à décembre, et devient très-abondant dans le golfe de Gascogne. Il est également commun dans la Méditerranée, où il se montre en Algérie, sur les côtes de France, sur celles de Nice, à Naples et à Iviça. Il s'enfonce dans les lagunes de Venise, et en général ses troupes nombreuses sortent au printemps des profondeurs de la mer pour déposer leur frai sur les rivages, ainsi qu'à l'embouchure des rivières.

R. Ombrine.

L'ombrine commune (*Sciœna cirrhosa*, LINN.), le daine de quelques provençaux, se trouve dans toute la Méditerranée où elle se tient en hiver dans la haute mer sur les fonds vaseux, pour venir en été et en automne frayer sur les rivages de la Provence, de l'Italie, de la Grèce et de l'Algérie. Elle apparaît aussi près de la Galice, dans le golfe de Gascogne, ainsi que sur les côtes de la Saintonge et du Poitou. D'après M. Risso, on la prend surtout quand la mer est troublée par les eaux des rivières à la suite des orages, et Darluc assure qu'elle remonte le Rhône ainsi que la Sorgue jusqu'à l'Isle. En admettant cette indication, le daine serait, parmi les petits migrateurs, le poisson qui s'avance le plus loin dans nos rivières, car le trajet, en ligne droite, depuis l'extrémité de la Camargue, est d'environ 90 kilomètres.

S Maigre.

Le maigre d'Europe (*Sciœna aquila*, VALENC.) n'est qu'un poisson de passage dans l'Océan, car il est très-peu connu à Fécamp et à Dunkerque; il ne se montre qu'en été vers l'embouchure de la Loire, dans le Perthuis, ainsi que dans le golfe de Gascogne. M. Valenciennes admet qu'il se propage surtout sur les côtes méridionales de la Méditerranée, car à Gênes, par exemple, où il n'est pas rare, il est difficile de s'en procurer de petits. On le trouve d'ailleurs à Alexandrie, à Naples, sur les côtes de la Romagne, de la Sardaigne, de la Provence et du Languedoc, où il est connu sous le nom de *peis-rei* (poisson royal) à cause de l'excellente qualité de sa chair.

Ce poisson, aussi bien que les précédents, montre une certaine prédilection pour les embouchures des fleuves ; les anciens préféraient même celui qui avait été capturé dans les eaux douces pendant les jours caniculaires.

T. Corb.

Le corb (*Sciœna nigra*, Linn.) est un des poissons les plus communs de la Méditerranée. Il apparaît en Languedoc, en Provence, près de Nice, sur les côtes de la Sardaigne, à Iviça et dans l'Adriatique, vivant en troupes sur les fonds pierreux ou sableux. Il dépose ses œufs, au printemps, sur les galets calcaires des rivages, sur les fonds ombragés ou sur les basfonds garnis d'algues. Non-seulement il entre dans les étangs du Languedoc, mais il remonte encore les rivières.

On prétend d'ailleurs qu'il recherche les eaux échauffées par les rayons du soleil, et que dès les premières gelées de l'hiver, il s'enfonce dans les profondeurs de la mer et des grands fleuves. A cette occasion, je ne puis me dispenser de faire observer que l'ombrine, le maigre, ainsi que le corb, sont des poissons essentiellement propres aux eaux tièdes ; en outre, d'après une remarque de M. Valenciennes, les pierres qu'ils ont dans la tête, aussi bien que tous les autres osseux, sont cependant plus grandes, à proportion, qu'en aucun autre genre. On doit même rapprocher cette indication de celles qui ont déjà été données quand il a été question de la daurade, du muge et du loup ; d'ailleurs, le rousseau et la castagnole sont également munis d'osselets assez développés, pour avoir fixé l'attention. L'une est propre aux eaux chaudes de l'Inde, de l'Equateur et de la Méditerranée ; l'autre, qui ne remonte pas plus loin vers le nord que Boulogne, et qui fréquente également la Méditerranée, se tient tantôt au large, tantôt à des profondeurs plus ou moins grandes, pour n'approcher des rivages qu'à l'époque du frai, durant les chaleurs de l'été. Enfin, l'alose, poisson très-méridional, est encore à ajouter à la liste précédente. Ces concordances seront sans doute un jour discutées plus amplement par qui de droit. Quant à ce qui me concerne, on voudra bien comprendre que je n'ai pu me permettre de les mettre en relief, qu'en m'appuyant de l'autorité d'Aristote, dont les fins aperçus, en histoire naturelle, ont été plus d'une fois justifiés par les découvertes récentes.

U. Murène.

La murène Hélène (*Muræna Helena*, LINN.) se trouve dans la Méditerranée, sur les côtes de l'Algérie, de l'Espagne, du Languedoc et de la Provence. Cependant on en a pris en Angleterre.

Ce poisson se tient caché dans les crevasses des rochers du fond des eaux pendant l'hiver, et fréquente les rivages au printemps. Il ne paraît pas entrer spontanément dans les rivières ; mais il peut s'habituer parfaitement à vivre dans l'eau douce. Ce qui est encore digne de remarque, c'est qu'il s'engraisse dans celle-ci ; et comme il ne meurt pas après avoir été maintenu pendant plusieurs jours hors de l'eau, les Romains ont pu mettre à profit ses facultés, pour le transporter dans divers lacs intérieurs, tels que ceux de Riéti, de Bolsène, de Viterbe. Pour contenir leurs élèves, ils établissaient, en outre, à grands frais, des parcs dans la mer ; le savant Columelle conseillait de leur construire des grottes tortueuses placées au niveau de l'eau, et destinées à leur servir de refuge. Grâce à ces soins, les murènes étaient déjà tellement multipliées du temps de César, que, dans un de ses triomphes, il put en distribuer six mille à ses partisans.

Si cette branche de la pisciculture devint ainsi un véritable objet de luxe, elle fut également une cause de cruauté. L'ami d'Auguste, Vedius Pollion, dont les piscines étaient établies près du golfe de Mare-Piano, y faisait jeter des esclaves qui étaient bientôt déchirés par les dangereuses morsures de ces poissons, auxquels ils servaient d'engrais. Réciproquement, Hortensius versa des larmes à la mort de sa murène favorite, et Crassus prit le deuil pour la sienne, qui poussait la gentillesse jusqu'au point de venir à lui quand il l'appelait.

V. Lamproie marine.

La lamproie marine (*Petromyzon marinus*, LINN.) est rare dans la Baltique. Cependant on la connaît en Islande, en Suède, en Angleterre et en Allemagne. De nos côtés, elle se tient de préférence dans la partie occidentale de la Méditerranée, depuis le Languedoc jusqu'à la côte de Nice; elle devient plus rare vers l'est, où cependant on la trouve encore à Malte, mais elle cesse d'apparaître sur les côtes de la Grèce.

En automne et en hiver, ce poisson se cache dans les abîmes qu'il quitte au printemps, pour remonter dans les rivières où il dépose ses œufs. C'est ainsi que dans le Nord on le rencontre dans l'Elbe, dans la Saale et dans le Havel. De même, il s'avance dans le Rhône jusqu'à Avignon où l'on en pêche quelquefois; il se tient d'ailleurs dans la boue ainsi que dans les trous des rivages. Cependant, quelques pêcheurs prétendent que dans ses trajets il voyage à la surface de l'eau, et qu'on l'étoufferait si on le maintenait immergé.

Cette lamproie est plus délicate quand elle est récemment sortie de la mer; plus tard, elle perd sa saveur, et sa chair devient coriace.

H. Poissons grands migrateurs.

X. Esturgeon.

L'esturgeon (*Accipenser sturio*, LINN.) est un poisson très-cosmopolite, car on le trouve dans l'Océan, dans la mer du Nord, dans la Baltique, dans la Méditerranée, dans la mer Noire, dans la mer Caspienne et dans la mer Rouge. Ainsi, on le cite en Islande, en Laponie, en Norwége, en Suède, en Danemark, en Hollande, en Angleterre, sur les côtes de France, de l'Espagne, du Portugal, de l'Italie, de la Grèce et de la Turquie. Il n'est cependant pas partout également commun, car l'auteur de la *Statistique du département de l'Hérault* déclare qu'il est extrêmement rare vers le Languedoc, et qu'il ne le cite que sur la foi d'autrui, tandis que l'on sait qu'il est très-répandu autour de la Grèce.

L'esturgeon séjourne dans les profondeurs de la mer pendant une grande partie de l'année; il en sort au printemps pour parcourir les côtes, et remonter ensuite les fleuves jusqu'à une grande distance de leur embouchure. Il fraye en avril et en mai, pour retourner en été dans son gîte primitif. Pendant cette migration, il pénètre dans les rivières du nord de l'Amérique, dans celles de l'Europe, de l'Afrique et de l'Asie, telles que l'Oder, l'Elbe, le Rhin, la Seine, la Loire, la Garonne, le Rhône, le Pô, le Nil, le Volga, le Don, l'Obi, le Yenisséi, le Kur; enfin, quand il en trouve la facilité, il passe dans les lacs qui s'abouchent à ces fleuves. On en a rencontré, entre autres, dans ce dernier genre de station, près de Potsdam.

Il résulte de ces indications, que ce poisson doit rarement être pris au large, mais près du littoral, et plus particulièrement dans les rivières. C'est là qu'on en fait des pêches souvent considérables. D'ailleurs, les esturgeons pris dans la mer sont moins gras et moins gros que ceux des fleuves, surtout après un séjour prolongé. Cette différence provient non-seulement de la nature des eaux, mais encore de la quantité de nourriture, car on les trouve de préférence dans les stations où abondent les anguilles, ainsi que les autres poissons dont ils se nourrissent.

Ce poisson arrive à des dimensions considérables; on dit qu'en Norwége il y en a du poids de 500 kilog. En 1750, un de ces sujets fut pris en Italie; il pesait 225 kilog., et fut offert au Pape par le duc de Carpinetto. Dans la Loire, on en captura également un de la taille de 5ᵐ,85, et dont on fit hommage à François Iᵉʳ. Enfin, on en pêche quelquefois de très-gros près de Nice, où cependant l'espèce n'est pas commune.

Dans le Rhône, l'esturgeon est assez abondant à la remonte jusqu'à Avignon. Il a été plus commun autrefois, car une charte d'Estiennette, comtesse de Provence, fait voir qu'en 1063 il y avait sur le Rhône des bateaux spécialement destinés à cette pêche, et, en 1551, Baujeu fait mention de ce poisson comme constituant une denrée si commune en Provence, que la livre pesant de sa chair ne coûtait que 1 sol.

En s'éloignant davantage de la mer, l'esturgeon devient de plus en plus rare dans le Rhône; cependant il en arrive jusqu'à Lyon. D'après mon collègue M. Commarmond, savant conservateur de notre Musée des antiques, et auquel je suis redevable de divers autres renseignements sur les stations de nos poissons d'eau douce dont il s'est occupé d'une manière spéciale, il a été pris un de ces poissons auprès de la Pape; son poids s'élevait à 50 kilog. Un autre fut pêché il y a une trentaine d'années à la Mulatière; il pesait environ 40 k. Il est d'ailleurs douteux que ce poisson passe dans la Saône, et de là dans le Doubs; du moins Girod-de-Chantrans n'en fait pas mention parmi les poissons de cette rivière, quoique Cloquet la signale expressément dans la liste des cours d'eau parcourus par l'esturgeon. Ce point reste donc à éclaircir.

Y. Alose.

L'alose (*Alosa vulgaris*, VALENC.) n'existe pas au Groënland ni en Islande; elle est encore rare dans la Baltique ainsi que sur les côtes de la Suède et du Danemark, et elle devient plus commune sur certaines côtes de l'Angleterre. A partir de là on la rencontre abondamment sur le littoral océanique de la France, dans toute l'étendue de la Méditerranée, dans le Bosphore; enfin, elle se montre encore plus nombreuse à l'est dans la Caspienne. Il s'ensuit que ce poisson, à l'inverse du hareng, affectionne les eaux tempérées, et cette propriété se traduit sous une autre forme dans ses migrations périodiques.

En effet, l'alose, qui remonte les rivières pour frayer, commence ses pérégrinations dans le Nil, dès les mois de décembre et de janvier. Elle apparaît dans le Rhône en mars et avril, dans la Loire un peu plus tôt que dans la Seine; enfin, dans la grande généralité des rivières de la Belgique, de la Hollande et de la Basse-Allemagne, c'est en mai que s'effectuent ses trajets ascendants, et de là le nom de *Mayfisch* qu'on lui donne en Allemagne. Si, d'ailleurs, la saison printanière est chaude dans ces pays septentrionaux, le poisson apparaît déjà en avril, de même qu'il peut être retardé jusqu'en juin, suivant les températures et suivant les latitudes. Notons encore, en passant, que l'alose est aussi signalée comme ayant un os très-dur dans la tête. Est-il question en cela d'une de ces *pierres* dont il a déjà été suffisamment fait mention?

L'état de pureté des eaux passe également pour jouer un rôle dans l'accélération ou dans le retard des voyages de l'alose. On conçoit qu'une eau trouble peut, jusqu'à un certain point, lui être désagréable; mais il ne faut pas perdre de vue la complication que les effets de la température viennent apporter dans les phénomènes; on comprendra du moins facilement qu'une saison pluvieuse, tout en rendant les eaux troubles, soit en même temps froide, tandis que les eaux seront claires et limpides par les temps secs et chauds.

Il serait facile actuellement d'énumérer les fleuves de l'Europe, de l'Asie et de l'Afrique septentrionale, dans lesquels la présence de l'alose a été signalée; mais à cette liste générale, fort peu importante après ce qui a été dit dès le début, il est préférable de substituer quelques détails spéciaux. A cet égard, nous ferons d'abord remarquer que, d'après M. Yarell, ce poisson apparaît très-rarement dans la Tamise, tandis qu'il n'en est pas de même pour la Severn et quelques autres rivières de l'Angleterre. La cause de cette préférence n'est pas encore connue.

On avance ordinairement que les aloses remontent jusqu'aux sources des rivières; ce fait est encore loin d'être démontré; du moins les limites extrêmes du trajet de ces poissons ont besoin d'être précisées. Ainsi, le Rhin jusqu'à Bâle, en est abondamment pourvu; est-ce là leur limite? Ils ne sont pas mentionnés sur les listes du lac de Neuchâtel. Sachant, d'ailleurs, combien l'alose est mauvaise nageuse, que la faiblesse de ses moyens natatoires ne lui permet pas de franchir les cascades, qu'elle cède même à l'impétuosité des crues, il est à croire que le Saut du Rhin, près de Lauffen, doit être pour elle un obstacle insurmontable. A l'égard de la Loire, il est reconnu que l'alose remonte dans la Sarthe et dans quelques autres affluents, mais dans tout cela il n'est nullement question de l'arrivée près des sources. De même, enfin, pour la Garonne, on se contente d'indiquer la marche ascensionnelle jusqu'à Bordeaux, ville qui est pour ainsi dire placée à l'embouchure du fleuve.

Arrêtons-nous actuellement sur les trajets méditerranéens du poisson. Il se montre ici dans diverses sortes de gîtes.

D'abord, dans la mer, l'alose ne paraît pas affecter un domicile fixe; du moins Rondelet l'affirme en avançant de plus, qu'elle court çà et là. Cependant M. Risso admet qu'autour de Nice elle se tient de préférence dans la région des galets, où elle apparaît pendant toute l'année. D'ailleurs on la trouve sur les côtes du Languedoc et de la Provence, du golfe de Gênes, de la Toscane, de Naples, de l'Adriatique, de l'Egypte et de l'Algérie.

On conçoit facilement que l'alose doit aussi pénétrer dans les diverses lagunes ou étangs salés qui bordent cette mer. C'est ainsi qu'on la trouve dans l'étang de Thau, dans celui de Berre aux Martigues, dans les alentours de Venise, et dans le lac de Biserte situé dans les états Tunisiens.

L'alose fréquente, de même que partout ailleurs, les fleuves tributaires de notre mer, tels que le Nil, le Tibre, Pô, etc. Pendant la remonte, elle rencontre divers affluents, tels que le Tessin, qui lui permet d'arriver au lac Majeur, l'Adda, par lequel elle gagne le lac de Côme, et le Menzo, d'où elle entre dans le lac de Garda. De cette manière, ce poisson pénètre jusqu'à une certaine profondeur dans le massif des Alpes orientales.

Enfin, à cette liste on peut encore ajouter les canaux des étangs de la Provence, ainsi que le canal du Midi, où l'on prend une grande quantité d'aloses du côté de Béziers, à la première écluse, qui les arrête dans leur course ascendante, de même qu'elles le sont par le moulin qui est sur l'Hérault, près d'Agde.

Pour le Rhône en particulier, l'alose, escortée du maquereau, se montre aux embouchures dès l'arrivée du printemps. Les bandes de ce poisson, nageant à fleur d'eau, passent à Arles et arrivent à Lyon. En amont de la ville, les rapides du fleuve, à Villebois, ne sont pas un obstacle à leur trajet ultérieur de ce côté, car on retrouve l'alose jusque dans le lac de Bourget; mais les défilés du Jura lui présentent les grands accidents de la perte du Rhône, qui paraissent limiter ses

voyages vers Seyssel. D'un autre côté , la Saône lui permet de
s'avancer jusque dans le Doubs, où elle arrive pendant l'été ,
sans que l'on sache mieux qu'ailleurs quelle peut être la limite
extrême de ce parcours ; on peut simplement supposer qu'il se
termine vers Besançon.

En récapitulant actuellement les stations les plus élevées
que l'on ait pu découvrir , on a :

Bâle , au niveau du Rhin . . 244^m
Besançon, au niveau du Doubs. 236
Lac du Bourget 228
Lac Majeur 247

Ces altitudes, passablement égales et de plus très-faibles ,
concordent fort bien avec ce que l'on sait d'ailleurs au sujet de
la préférence de ce poisson pour les eaux tempérées.

Les aloses ne demeurent pas dans les rivières dont elles ont
remonté le cours. Après avoir frayé, elles sont tellement
amaigries et exténuées, que n'ayant plus la force de nager ,
elles se laissent entraîner par le courant, en demeurant cou-
chées sur le flanc ou sur le dos. C'est ainsi qu'on les voit arriver dans la Saône depuis août jusqu'en septembre , étant
accompagnées de beaucoup de petites aloses nées du frai
de l'année , et qui vont prendre possession de leur élément
maritime. Jamais on ne capture ces jeunes poissons lorsque les
grosses aloses exécutent la remonte. L'état d'épuisement dans
lequel se trouvent d'ailleurs ces dernières , à la fin de leur travail de reproduction , a fait croire à certains pêcheurs qu'elles
sont décidément mortes. Les anciens supposaient même que
ces poissons , après avoir atteint tout leur développement, se
décomposaient spontanément par suite de l'action de leurs
arêtes. Il est de fait que ces filaments sont disséminés en telle
quantité dans leur chair, qu'elle en devient pénible à manger,
et cette abondance justifie le nom de *Thrissa* , poisson rempli

de cheveux, à l'aide duquel les Grecs avaient imaginé de caractériser l'alose. Cependant ces diverses circonstances ne démontrent en rien le fait de la mort de l'animal après l'opération du frai; M. Valenciennes s'étant particulièrement assuré qu'à l'exception de certains individus la généralité reste vivante, il s'ensuit que les idées à cet égard ne reposaient que sur des appréciations incomplètes et purement superficielles.

Au sortir de la mer, le poisson est sec, maigre et de mauvais goût. Sa chair s'améliore dans les rivières, et il est très-recherché quand il est pris fraîchement et loin des embouchures. Cependant, ici encore, il y a quelques différences dont il importe de tenir compte, du moins dans nos rivières. En effet, les aloses qui remontent le Rhône et la Saône paraissent perdre de leurs qualités, et elles sont moins estimées depuis les environs de Vienne jusqu'à la latitude de Dijon que dans les parties inférieures du fleuve.

Parmi les autres particularités qui peuvent achever de caractériser ce poisson, il faut mentionner d'abord sa tendance à suivre les barques chargées de sel; cette observation a été faite aussi bien pour le Rhône que pour la Seine, à Paris, où l'on en prend beaucoup autour de ces bateaux qui semblent leur offrir une réminiscence de leur élément maritime.

Les pêcheurs de la Méditerranée prétendent encore que l'alose aime la musique, et ils se sont servis de ce moyen pour la capturer; si ce fait avait quelque fondement il pourrait servir à établir le degré de développement que le sens de l'ouïe peut atteindre chez les poissons. On peut d'ailleurs rattacher à la même circonstance une autre assertion qui roule sur la crainte que l'alose manifeste à l'égard du bruit du tonnerre; on avance même qu'elle retourne alors à la mer ou qu'elle meurt quelquefois de terreur. Au surplus, il ne faut pas rejeter sans plus ample examen ces assertions populaires; les plongeurs qui se sont amusés sous l'eau à choquer l'un contre

l'autre deux cailloux, connaissent assez le singulier retentisse-
ment qui en résulte. Un simple coup de fusil chargé à poudre
et dirigé contre divers poissons suffit pour leur imprimer une
commotion telle, qu'ils arrivent immédiatement à la surface
dans un état d'étourdissement complet. Dès lors, pourquoi le
fracas de la foudre n'exercerait-il pas une action analogue sur
une espèce organisée de manière à ne pouvoir supporter ces
sortes de retentissements, et d'ailleurs peu portée à se maintenir dans de grandes profondeurs ?

2. Saumon.

Le saumon (*Salmo salar*, LINN.) est un poisson qui, dit-on,
ne se trouve pas dans la Méditerranée. C'est par erreur, a-t-on
soin d'ajouter, qu'il a été avancé qu'on le prend dans le Rhône.
En cela la nature nous aurait traités en véritable marâtre, et
les pisciculteurs de la capitale ayant à cœur de redresser une si
flagrante injustice à notre égard, se proposent de le répandre
à profusion dans notre bassin.

Ces assertions ainsi que ces promesses méritent une sérieuse
attention, et déjà à ce seul titre il serait de notre devoir d'é-
tudier les habitudes ainsi que les habitats divers du poisson,
afin de démêler la vérité, et d'apprécier sainement les chances
de réussite qui environnent les tentatives faites si libéralement
en notre faveur.

Le saumon affectionne essentiellement l'Océan, et plus particulièrement les parties septentrionales de cette mer. On le
rencontre non-seulement dans le nord de l'Europe, mais encore dans les parties boréales de l'Asie et de l'Amérique. Ici,
d'ailleurs, il devient de plus en plus rare en se rapprochant du
sud, au point que le long des côtes son existence est très-pro-
blématique, à partir de New-York. Il fréquente aussi les rives
du Kamtschatka et de la mer Blanche. Rare sur celles du
Groënland, il passe pour être très-commun autour de l'Is-

lande et de la Norwége ; il s'introduit dans la Baltique ainsi que
dans les anses et les baies du golfe de Bothnie, où l'on en fait
des pêches abondantes. De là on peut suivre ses stations autour
des Orcades, de l'Angleterre, du Danemark, de la Hollande,
de la Belgique, de la France et jusqu'en Espagne, sur les rivages de la Galice. A cette extrémité, le 42ᵉ degré de lat. N
serait à peu près la limite de son domaine.

Migrateur par excellence, le saumon pénètre dans les fleuves qui se rattachent aux mers en question, et par leur inter-
médiaire il entre dans les lacs qu'il rencontre sur son trajet,
comme, par exemple, celui de Siljam en Suède, le lac Ladoga
en Russie, ceux de Constance, de Bienne et de Neuchâtel en
Suisse. Parmi les cours d'eau qu'il fréquente, on peut d'ailleurs citer plus particulièrement la Dwina, la Newa, l'Oder,
et l'Elbe qui l'amène jusqu'en Bohême où il trouve la Moldaw;
le Rhin, par lequel il arrive en Suisse, tandis que d'un autre
côté il passe dans la Moselle. Il hante la Somme. La Loire lui
permet de pousser ses voyages jusqu'au Puy-en-Velay. Il
parcourt de même les divers affluents supérieurs, tels que
l'Allier et la Sioule en aval de Pontgibaud, où le dernier saumon a été pris vers l'année 1820. Il entre aussi dans le Lignon,
et il suit le Furens jusque près de Saint-Étienne en Forez. La
Garonne lui offre également un passage pour pénétrer dans
la Dordogne, dans l'Adour et dans les Gaves qui descendent
des Pyrénées. Enfin, les rivières de la Galice sont encore de
son domaine.

Des indications précédentes il résulterait que les points
culminants atteints par le poisson dans notre proximité se réduisent aux hauteurs suivantes :

Lac de Constance . . . 398ᵐ
Lac de Neuchâtel . . . 437
Sioule 480
Saint-Étienne 531
Le Puy 625

Cependant, je dois faire observer que l'indécision, déjà plusieurs fois signalée, se reproduit encore ici, et sans doute un nouveau contingent de données viendra améliorer les chiffres énoncés ci-dessus.

Le saumon ne se plaît pas indifféremment dans toutes les eaux de cette lisière océanique. S'il affectionne, par exemple, la Somme et la Loire, par contre, son antipathie pour la Seine est manifeste. Du moins il ne s'y montre que des individus isolés; jamais, entre autres, l'on en prend à Paris, ville qu'ils semblent traverser rapidement pour gagner les affluents supérieurs; quelques-uns furent capturés à Provins, et l'on en cite un qui fut pêché dans la Cure, rivière du Morvan, où il n'a pu arriver qu'en suivant l'Yonne.

On aura sans doute compris qu'une aversion aussi manifeste pour certaines eaux ne doit pas être dissimulée au milieu des tentatives qui sont en voie d'exécution, et l'on aura soin de ne pas perdre de vue cet important phénomène. Pour le moment, il suffira de faire remarquer que les prédilections du poisson se manifestent également sous d'autres formes.

Si, par exemple, la truite et le saumon existent simultanément dans la même rivière, il arrive que celui-ci y sera plus commun que l'autre, et réciproquement. Quelquefois encore, dans la rencontre de deux affluents, presque tous les saumons passent dans un bras et les truites dans un autre. On comprend facilement que des animaux chasseurs doivent tendre à se séparer dès qu'ils le peuvent; mais, dans le cas particulier en question, quelle est la cause qui motive la préférence des espèces pour l'un ou pour l'autre courant? A cette question on peut répondre par une importante donnée de Duhamel. Cet excellent économiste déclare que les eaux des étangs propres à nourrir les carpes, sont ordinairement au même degré de chaleur que celles dans lesquelles les saumons aiment naturellement à demeurer. En vertu de cette cause, les eaux tempérées leur conviennent mieux que les étangs plus froids, dans lesquels les truites se plaisent davantage. D'ailleurs, de même que la truite, le saumon accorde la préférence aux rivières claires dont le lit est sableux ou caillouteux. Ennemi de toute contrainte, il meurt dans les réservoirs dont l'eau est stagnante ; les courants rapides sont l'objet de ses prédilections, et pour frayer il choisit les affluents, ainsi qu'on le voit par les exemples du Rhin, de la Loire et de la Garonne. Ces détails d'observation suffisent déjà en partie pour expliquer sa présence dans certains fleuves, tandis qu'il en évite d'autres.

Vigoureux nageur, le saumon peut, dans les lacs, faire des trajets de 8 à 10 lieues par heure. Sous ce rapport il ne le cède en rien aux locomotives ; aussi n'est-il pas arrêté, comme l'alose, par les rapides du Rhin à Schaffhouse. Il exécute d'ailleurs des bonds étonnants quand il s'agit de franchir les cascades. Recourbant son corps d'un côté, et frappant ensuite violemment la surface de l'eau avec sa queue, en même temps qu'il s'élance en avant, il agit à la manière d'un ressort qui se débande et s'élève jusqu'à la hauteur de $2^m,0$; la densité des eaux marines lui permet d'exécuter des sauts de $4^m,5$. Il sait de plus éviter, au besoin, la fatigue en nageant de préférence, soit contre le fond, soit le long des bords où les frottements ralentissent le mouvement de l'eau. C'est ainsi qu'il parvient, dit-on, jusqu'auprès des sources de divers ruisseaux. Cependant, d'habitude, il se maintient dans le thalweg, près de la surface, quand un soleil modéré imprime à l'air une douce température, et il ne descend au fond qu'autant qu'une atmosphère ardente annonce un orage prochain. On admet encore qu'il suit de préférence les bateaux chargés de sel ; qu'il aime les rivières ombragées par les arbres. Il redoute les embouchures où se trouvent des villes, le bruit du canon et des cloches ; il est effrayé à la vue des glaces, des bois et de tout ce qui flotte sur l'eau, au point de ne plus continuer sa route. S'il en est ainsi, que deviendront les élèves dont on se propose de peupler le Rhône et la Saône, quand ils se trouveront à chaque instant effarouchés par les 94 bateaux à vapeur qui composent la flotte lyonnaise. Ces steamers longs de 133^m, avec leur vitesse de 15 et 18 kilom. à l'heure, le violent tapage de leurs roues, ne suffiront-ils pas pour faire fuir à tout jamais les jeunes et timides saumoneaux, ou bien faudra-t-il ordonner aux patrons d'arrêter les bâtiments pour ne pas déranger le poisson ? Au surplus, les marins disent avoir remarqué que les marsouins qui se plaisent à suivre les bâtiments à voile, se tiennent au loin des steamers dont le fracas ainsi que la course impétueuse sont pour eux un sujet d'épouvante. Cette indication peut servir à corroborer les précédentes.

Le saumon devient, en général, plus gras et plus succulent dans l'eau douce ; mais cette qualité se ressent naturellement de la nature des eaux qu'il fréquente. La chair du poisson pris dans le Rhin, dans le Weser, dans la Warta et dans la Netze, est préférée à celle du saumon capturé dans l'Elbe et dans l'Oder. De même, les saumons de la Garonne et de la Dordogne passent pour être les meilleurs de la France. Si cependant ces poissons séjournent trop longtemps dans les rivières, ils maigrissent et perdent de leur saveur.

Pour frayer, les saumons sortent des grandes rivières afin de se jeter dans quelque ruisseau dont l'eau murmure ; là, ils creusent, dans le sable et le gravier, leurs *frayères* auxquelles ils donnent la forme de sillons oblongs, de manière que les œufs peuvent s'y établir et se laisser imprégner, autant que possible, par la laitance du mâle, en même temps qu'ils sont continuellement lavés par le courant. Cette précaution entraîne nécessairement la perte de quelques œufs par suite des crues qui viennent les disperser ; mais la nature a prévu ces accidents en accordant jusqu'à vingt-sept mille huit cent cinquante œufs à certaines femelles ; ajoutons que la condition du mouvement est de rigueur, en ce sens qu'il met obstacle à l'établissement d'une sorte de végétation confervoïde par laquelle le germe est détruit. Golstein avait déjà fait ressortir l'influence de ce *muscardinage* du frai, qu'il désignait simplement sous le nom de *crasse ;* et en même temps, il démontrait que c'est là le principal obstacle à la réussite des éclosions que l'on serait tenté d'exécuter dans les étangs dont l'eau est stagnante.

Les œufs déposés sur le sable, en automne et en hiver, éclosent au printemps ; ceux qui proviennent de la ponte du printemps livrent le fretin bien plus vite, car l'on a remarqué qu'en été les petits naissent au bout de dix à douze jours, selon que la température est plus ou moins élevée. Ces jeunes poissons grandissent rapidement et descendent à l'Océan où ils achèvent leur croissance, et ceux qui ont acquis à temps le développement nécessaire peuvent revenir pour frayer dans la même année, mais plus tard que les vieux individus de leur espèce. Les saumoneaux du Rhin effectuent d'ordinaire la descente avant le début de l'hiver, rarement ils séjournent pendant une ou deux années dans le fleuve. On a d'ailleurs acquis la preuve que les saumons retournent volontiers aux lieux de leur naissance, ayant cela de commun avec divers oiseaux migrateurs, les hirondelles entre autres, qui savent retrouver leurs nids de l'année précédente. En tous cas, cet instinct voyageur doit rendre très-difficile la conservation du fretin dans les viviers alimentés par des sources abondantes, et on le comprendra sans peine.

Quelques saumons se plaisent à passer l'année dans certaines rivières et dans divers lacs, de manière que l'on y en prend en toute saison. Il arrive encore que des froids subits, congelant les courants, obligent le poisson à séjourner dans l'eau douce, et c'est ce qui arrive quelquefois en Suède, par exemple. On peut, d'après cela, concevoir quelque espérance de succès dans les tentatives qui seraient faites pour conserver ce poisson dans les réservoirs traversés par une eau pure et mouvante; mais la persistance du séjour dans l'eau douce n'est nullement dans l'instinct de l'animal. Sa tendance naturelle est de passer la belle saison, jusqu'en automne, dans les fleuves, et de se réfugier pendant l'hiver dans l'Océan, où il se cache dans les profondeurs pour n'en sortir et aborder les rivages qu'au moment où il va gagner les rivières; c'est alors surtout qu'on le capture dans la mer, en profitant, par exemple, du reflux, ainsi que cela se pratique sur les grèves du Mont-St-Michel.

L'époque des montées est d'ailleurs variable suivant les climats et les rivières. Dans les régions septentrionales, les saumons ne se mettent en route qu'après la fonte des glaces. Pour le Rhin, c'est au début du printemps que leur marche commence à s'effectuer, en sorte qu'au mois de mai ils abondent déjà dans les environs de Bâle. Sur les côtes de la Picardie, le passage a lieu depuis la fin de mai ou le commencement de juin, et dure jusqu'à la fin de septembre. Dans les parties plus tempérées de la France, le poisson quitte la mer avant l'hiver, comme par exemple en septembre, octobre et novembre, époque à laquelle la laitance et les œufs sont en maturité; c'est ce qui arrive dans la Bretagne où la remonte étant dans toute sa force à la fin de janvier, subsiste sur le même pied en février, mars et avril, pour diminuer en mai et juin; enfin, le poisson disparaît en juillet. Cette migration de l'arrière-saison, motivée probablement par le besoin d'une fraîcheur déterminée, a été formulée pour la Loire, en rapportant aux équinoxes l'ensemble de la marche. Il me reste encore à ajouter que pour pénétrer dans les rivières les saumons, réunis en troupes, profitent autant que possible des moments où les pluies viennent grossir et troubler les eaux, attendant d'ailleurs les vents et les marées favorables.

Les détails qui précèdent sont tous relatifs à l'habitat océanique du saumon, et ils ont servi de base aux opérations destinées à fournir l'espèce à nos rivières méditerranéennes. Fort de la réussite de Remy et de Géhin, ayant d'ailleurs pris connaissance des résultats obtenus par Jacobi sur la truite, ainsi que de ceux de Golstein sur les saumons, M. Coste s'est livré, au Collége de France, à une suite d'expériences sur l'éclosion et l'alimentation de ces derniers. Son but principal était de forcer leur instinct naturel à se plier à un régime opposé à celui qu'ils adoptent quand ils se trouvent à l'état de liberté. Au lieu de leur livrer la proie vivante qu'ils poursuivent alors, il a réussi à faire passer à l'état d'alevin les jeunes poissons, en les nourrissant d'une pâtée morte consistant en chair musculaire bouillie, et amenée par la trituration à un degré de ténuité proportionnée à la petitesse des animaux qui doivent s'en nourrir. Deux mille saumons nouvellement éclos et parqués dans un étroit canal, traversé par un filet d'eau, ont prospéré avec cette nourriture, au point d'avoir atteint, au bout de quelque temps, une taille d'environ 0^m,10. Il ne reste donc plus qu'à savoir jusqu'à quel point leur instinct chasseur a été émoussé par une pareille éducation.

M. Coste se chargea en outre de descendre le Rhône pour chercher le moyen d'acclimater dans ses eaux le saumon qui ne les fréquente pas ; des parcs à éclosion seront établis sur les bords du Doubs ; et, sous la direction de ce savant, MM. Berthot et Detzem, déjà si connus pour la réussite de leurs établissements de Huningue, se disposent également à introduire ce poisson dans notre fleuve, c'est-à-dire dans la Méditerranée, ainsi que nous l'avons annoncé en débutant. Cependant quelques doutes restent encore au sujet du succès, et l'on va voir qu'ils ne sont pas entièrement dépourvus de tout fondement. D'ailleurs, pour en faire connaître la portée, il convient de passer en revue diverses stations intérieures laissées à dessein de côté jusqu'à présent.

Le saumon existe dans la Caspienne ainsi que dans les fleuves qui y versent leurs eaux, bien qu'il y soit plus rare que dans les rivières des mers du Nord et de l'Atlantique.

Il fréquente également les eaux limoneuses de la mer Noire et remonte le Danube en hiver. Les embouchures du fleuve étant situées à peu près sous le 45e degré de latitude nord, on obtient une nouvelle limite coïncidant à peu de chose près avec celle qui est fournie par les côtes de la Galice en Espagne, et la conclusion naturelle qu'il faut en tirer est que le saumon ne doit pas être exclu d'une manière absolue de la Méditerranée. Ne sait-on pas que le coryphène ainsi que la castagnole de cette mer, pénètrent de temps à autre dans l'Océan, et que, réciproquement, le Poisson Lune (*Lampris guttatus*, Retzius), du nord de l'Atlantique, s'égare par intervalles jusque dans notre mer ? Cela étant, ce ne seront certes pas les batteries de Gibraltar, non plus que celles de Hissar-Sultani dans les Dardanelles, qui pourront empêcher quelques aventuriers de parvenir jusque sur nos côtes, en venant soit de l'Atlantique, soit de la mer Noire.

Les dénégations à cet égard sont loin d'être suffisamment appuyées. On se contente de déclarer que les observateurs qui ont signalé la présence du saumon dans la Méditerranée, ont commis quelque erreur dans les déterminations. Il fallait du moins indiquer avec quel autre poisson une espèce aussi bien caractérisée que l'est celle en question, pouvait-être confondue.

Est-ce avec la truite qui en est si voisine ? Mais voici ce que l'on peut répondre avec l'abbé Fortis :

Dans l'Adriatique, la Narenta grossie du Narin s'élargit en forme de lac à son arrivée dans la plaine Dalmate, et se divisant ensuite en deux grands bras; elle embrasse l'île d'Opus, puis se jette dans la mer. Autour de cette sorte de delta les eaux sont saumâtres, et souvent la salure de la mer remonte jusqu'à 12 milles dans les terres au-delà de l'embouchure du

Narin. Eh bien ! l'on rencontre dans ces eaux des muges qui , à l'époque du frai, arrivent en grand nombre à l'extrémité du fleuve. Plus haut, dans les étangs, on trouve à la fois des anguilles, des saumons, et de plus des truites qui descendent des parties supérieures de la rivière. Ici donc le saumon et la truite ne sont évidemment pas pris l'un pour l'autre , et de plus la présence du saumon est indiquée comme étant un fait habituel.

Veut-on exclure plus spécialement le golfe du Lion ? Eh bien! la *Statistique des Bouches-du-Rhône*, ouvrage qui a obtenu la haute approbation de l'Institut , nous apprend qu'il ne se passe guère d'années sans que l'on prenne des saumons, quoique toujours en petit nombre, aux Martigues, dans l'étang de Berre et dans les parties avoisinantes du Rhône. M. Toulouzan , l'un des principaux rédacteurs de cet excellent ouvrage , a vu entre autres un de ces poissons du poids de 2 kil. à 2 kil. 50, qui fut pêché le 31 mai 1820 dans l'étang de Berre. J'avoue que pour ma part j'ai quelque peine à croire que des erreurs aient pu se faire jour dans un fait aussi constant, qu'un grand nombre de marins ait été depuis longues années le jouet d'une illusion , et qu'un savant de mérite ait pu partager la même erreur. De là, je suis porté à conclure que si le saumon ne remonte pas le Rhône , si plus particulièrement encore il n'y en a point dans le lac de Genève, ce n'est pas, comme l'a fait observer M. Pictet, en 1788 , parce qu'il ne fréquente pas la Méditerranée ; mais c'est tout simplement parce que les eaux du fleuve ne lui conviennent pas plus que celles de la Seine.

Les causes générales que l'on peut assigner à cette répulsion quant au Rhône , sont d'abord la diminution progressive des salmonoïdes à mesure que l'on se rapproche des régions chaudes. On a vu que pour le saumon, en particulier, la limite se trouve placée du côté occidental de l'Espagne, de même que dans la mer Noire, à peu près sur la latitude des Bouches-du-Rhône, d'où il suit que nous ne pouvons guère avoir autre chose que des individus dépassant les bornes habituelles.

On remarquera en second lieu que le Rhône, à l'inverse des autres fleuves de la France, s'assimile aux rivières boréales, en ce sens que ses crues s'effectuent en été. Alors la fonte des neiges alpines occasionne par l'Arve, par l'Isère et par la Durance, un puissant entraînement de sables et de limons qui maintiennent les eaux troubles depuis les sources principales jusqu'à l'embouchure. En même temps la température devient beaucoup plus élevée que dans le nord de l'Europe, et de là une complication remarquable qui me paraît encore devoir être ajoutée à la cause bien plus générale mentionnée en premier lieu. Le Danube reçoit sans doute aussi des rivières alpines à crues estivales ; mais cette rencontre s'effectue si loin des bouches du fleuve que les résultats cessent d'être identiques.

L'extrême faiblesse des marées, le lit entièrement dépourvu de cailloux des bras qui enveloppent la Camargue, l'état de dénudation des rivages provençaux et languedociens, la composition chimique des eaux sont peut-être encore autant de causes subsidiaires qui font que le saumon ne franchit pas le delta, dont pourtant il vient effleurer les bords. Sur l'Atlantique du moins on a cru remarquer que ces conditions ne sont pas à négliger à l'égard de ce poisson, et en tous cas leur degré d'importance peut faire l'objet de nouvelles études de la part des savants qui stationnent sur les bords de l'Océan. Pour le moment, on se contentera de rappeler combien l'existence du saumon est complexe. Après avoir vécu durant une partie de l'année dans des trous placés sur les côtes maritimes, il en sort à certaines époques déterminées par les températures pour remonter dans les fleuves, et passer ensuite de ceux-ci dans les petits affluents. Ces circonstances permettent de croire qu'il n'y aurait rien d'impossible dans la réussite du

début de la propagation dans un fleuve tel que le Rhône, muni
de nombreux tributaires prenant naissance dans les parties les
plus froides des hautes montagnes qui forment la ceinture de
son majestueux bassin. Ici le poisson rencontrerait à son gré
toutes les stations les plus convenables pour subir les premières
phases de son existence. Mais en sera-t-il de même lorsque
épuisé par un long voyage et par le travail de la reproduction,
il devra se reposer dans la mer la plus voisine. Celui du
Rhône trouvera alors la Méditerranée dont les eaux, diaphanes
et chaudes jusque dans les profondeurs, sont bien différentes
en cela des eaux océaniques, plus froides dans les grandes dépressions et troublées par le mouvement périodique des marées.

Ces discordances sont très-probablement les causes principales
de l'exclusion de cette espèce, en dehors de notre mer et de
nos rivières. Et, quoi qu'il en soit, il semble bien naturel de
conclure que du moment où, depuis l'établissement de l'ordre
géologique actuel, quelques saumons aventuriers n'ont pas pu
trouver à y fixer leurs générations, c'est qu'une profonde in-
compatibilité vient mettre obstacle à cette fréquentation.

Avant d'en finir avec les tentatives dont le Rhône va être
l'objet, il convient encore de rappeler la judicieuse remarque
de M. Milne-Edwards : « Une entreprise pareille nécessite-
« rait des études préliminaires sérieuses, et soulèverait plu_
« sieurs questions pour la solution desquelles le concours de
« l'administration des eaux et forêts serait nécessaire, ainsi
« que les lumières des naturalistes, et peut-être il serait
« bon d'en charger une commission mixte. »

En acceptant pleinement d'aussi graves avertissements, on
est amené aussitôt à se demander pourquoi l'on aborde de
prime abord le Rhône de préférence à la Seine. Si, quant au
saumon, celle-ci n'a pas été plus favorisée que nous par la
nature, elle débouche du moins dans l'Océan qui ne présente
pas les causes quelconques d'irréussite de la Méditerranée. La

surveillance de ce filet d'eau est bien plus facile que celle de notre fleuve ; placé sous l'influence immédiate du pouvoir, une foule de difficultés pourraient être bientôt levées ; sous l'œil des commissions, il se prêterait à l'étude des causes journalières de succès ou d'insuccès infiniment mieux qu'un fleuve lointain. D'ailleurs, il faut le dire, on nous a si peu habitués à être servis en première ligne, que l'on se demande, avec curiosité, quels sont les motifs, qui, pour cette fois, ont valu au Midi une si insigne priorité. Les désastres survenus dans le bassin de la Seine aux glanis, aux lottes, aux sanders et à l'alandt, auraient-ils déjà jeté le découragement dans l'esprit des commissions, au sujet d'un produit quelconque pour cette rivière ? Et même, en admettant cette présomption, quelle raison a-t-on de prétendre à des chances plus favorables de nos côtés ? Pour procéder d'une manière logique, il ne suffit pas de disséminer au hasard le poisson dans toutes les eaux, il est encore nécessaire de savoir si on le sème comme le grain dans un milieu capable de le faire prospérer, et telle fut bien certainement la haute pensée de l'homme de science, de M. Dumas, quand il a voulu enrichir notre patrie d'une nouvelle branche d'économie publique.

AA. Anguille.

Les anguilles ont offert de grandes difficultés aux classificateurs à cause du vague de leurs caractères. Pendant long-temps certains naturalistes ont admis qu'elles ne présentent que de simples variétés, et que les différences de la taille, de la couleur et de la forme des individus, ne tiennent qu'à la diversité des stations, de la nourriture et de quelques autres causes accidentelles. D'autres ichthyologistes supposèrent l'existence de plusieurs espèces ; mais n'ayant pas établi des comparaisons suffisantes, ils ne sont pas arrivés à en préciser les caractères. Cependant, déjà dans le siècle passé, Cherighini jugeait à propos d'élever au rang d'espèce celles des lagunes de Comacchio, et qui, jusqu'alors, n'avaient été considérées que comme une modification du type général. Plus tard, M. Risso en est venu à les subdiviser entre les trois espèces suivantes :

Anguilla acutirostris. Celle-ci, qui ne va jamais dans la mer, se tient dans les mares et les ruisseaux où elle apparaît pendant toute l'année.

Anguilla latirostris. Elle se plaît à séjourner pendant l'année dans les eaux saumâtres.

Anguilla mediorostris qui demeure toute l'année dans les eaux stagnantes.

M. Savigny, à son tour, trouva dans la mer, à Naples, une anguille distincte par sa forme, et qui ne pénètre jamais dans les eaux douces.

M. Yarell admet encore trois espèces avec les mêmes dénominations que M. Risso, savoir :

Anguilla acutirostris (Yarell), propre aux étangs, lacs et rivières.

Anguilla latirostris (Yarell), qui existe dans la plupart des eaux que fréquente l'espèce précédente.

Anguilla mediorostris (Yarell), qu'il dit se trouver dans l'Avon, rivière du Hampshire, et dans quelques autres eaux de l'Angleterre.

Dans cette classification, M. Yarell a suivi exactement la nomenclature de M. Risso ; mais les stations qu'il indique pour chacune des espèces, sont très-différentes de celles des environs de Nice, et cette discordance est loin de simplifier la question.

La commission scientifique de l'Algérie a encore reconnu que l'anguille de La Calle diffère au premier coup-d'œil de celle de l'Europe ; mais le poisson étant sujet à varier selon la nature des eaux, les savants naturalistes qui se sont occupés de la détermination n'ont pas osé se prononcer autrement, qu'en déclarant qu'on peut regarder le type africain comme constituant une simple race. Pour ma part, j'ai été frappé à la vue de la forme arrondie de la tête, mais n'ayant entre les mains que des individus d'assez petite taille, j'ai supposé que cette configuration tenait à ce qu'ils n'avaient pas encore acquis tout leur développement.

En dernière analyse, MM. Cuvier et Valenciennes admettent plusieurs espèces ; cependant comme, en définitive, elles ne diffèrent pas très-notablement dans leurs habitudes, et d'ailleurs celles-ci n'ayant pas encore été suffisamment étudiées à cause des imperfections de la classification, il faut se borner à les réunir dans une histoire générale, quitte à distinguer les diverses stations.

Les anguilles habitent, pour ainsi dire, toutes les eaux depuis celles des contrées les plus chaudes jusqu'à celles des contrées boréales. Au sud, on les cite dans la Jamaïque, dans le Gange et dans divers fleuves de la Chine. Dans le nord, on les trouve au Groënland et en Islande. Les stations intermédiaires comprennent la Suède, le Danemark, la Livonie, la Pologne, la Hollande, l'Angleterre, la France, l'Espagne, l'Italie, la Grèce et l'Algérie.

Ces poissons vivent aussi bien dans les eaux courantes que dans celles qui sont dormantes. D'une part, ils se montrent dans les fossés les plus bourbeux ; j'en ai vu fouiller dans une vase grise et épaisse aux environs de La Calle, et cependant les eaux troubles les fatiguent singulièrement. Se mettant alors en mouvement ils se laissent prendre, et de là le proverbe : *Pêcher en eau trouble*. D'un autre côté, il n'est pas rare de les trouver sous le clapotis des chutes des moulins. Par les rivières l'anguille remonte dans les lacs, c'est ce qui arrive dans la Sprée, le Havel et l'Elbe. Elle sait d'ailleurs nager avec énergie et rapidité contre les courants, quoique à la descente elle se laisse le plus souvent entraîner au fil de l'eau. C'est assez faire comprendre qu'on les rencontre à peu près partout. Néanmoins, malgré cette ubiquité, on remarque des différences notables dans l'influence que les diverses causes peuvent exercer sur l'espèce.

En premier lieu, la quantité du poisson qui est encore excessive dans les eaux de la Frise et du Jutland, paraît cependant diminuer en se portant davantage au nord, et cette circonstance permet de supposer que l'animal craint le froid. En effet, dans les climats septentrionaux les anguilles s'enfoncent de bonne heure en automne dans la vase, où agglomérées en troupes, elles séjournent sous la glace pendant plusieurs mois sans manger. Il suffit même d'un abaissement rapide dans la température pour faire périr une grande quantité de s individus de la race ou de l'espèce qui pullule dans les lagunes tièdes de Comacchio près de Ferrare. Aristote avance également que celles qui, durant l'été, sont transportées d'un étang dans un réservoir alimenté par une source fraîche, meurent pour la plupart. On se contentera d'ajouter que si le fait est vrai pour les contrées chaudes, il ne l'est pas au même degré partout ; du moins, l'on sait que dans nos climats ces poissons supportent cette transplantation. Bloch fait encore remarquer que les anguilles se tiennent plus strictement que de coutume au fond de l'eau par les temps calmes, lorsque la rosée se précipite ; le rayonnement nocturne agit sans doute dans ce cas en refroidissant la surface des nappes stagnantes. Réciproquement, par un ciel clair, les jeunes, en particulier, se rapprochent de la superficie. Toutefois, pendant les chaleurs l'anguille devient souffrante et subit l'effet d'une sorte d'éruption variolique qui la couvre de taches blanches de la grosseur d'une lentille. Une dernière habitude qui peut, jusqu'à un certain point, être rapportée à l'influence des températures, est celle que montre l'anguille quand elle se cache pendant le jour dans quelque trou des berges, ou bien au milieu des herbes aquati-

8

ques, pour ne se livrer à la chasse que durant la nuit. Ces divers détails ont paru suffisants pour faire comprendre la nécessité de procurer à ce poisson, dans les étangs où l'on veut le conserver, le moyen d'y trouver quelques emplacements vaseux pour son hivernage, et un lit sableux afin d'y passer son été.

Des expériences directes ont aussi démontré que, malgré la ténacité de sa vie, l'anguille, de même que la lamproie et la tanche, ne peut pas supporter, dans l'eau, la température passablement élevée qu'endure la carpe. Toutefois, l'échelle thermométrique du poisson n'en est pas moins très-développée, et l'on comprend aussi d'avance que, dans la nature, les influences barométriques doivent souvent s'ajouter à celles du calorique.

Dans le vide de la machine pneumatique, le poisson s'agite pendant quelque temps et meurt au bout d'une heure. Ce résultat porte à expliquer, par la pression atmosphérique, l'état de pénible inquiétude, et la tendance qu'il manifeste à s'élever à la surface pour respirer au moment des orages. On sait d'ailleurs que la structure des ouïes de l'anguille lui permet de vivre assez longtemps hors de l'eau. C'est donc spécialement encore quand le temps est orageux qu'elle sort quelquefois, pendant la nuit, de son élément habituel pour parcourir les prairies où elle fait sa nourriture de quelques plantes, de limaçons ou de reptiles ; ce poisson chemine ainsi fort loin dans les herbes, puis quand le retour du soleil ramène la chaleur, il s'enroule sur lui-même à la manière d'un serpent, et blotti au milieu d'une touffe végétale il y attend l'arrivée de la nuit.

La privation de l'air se fait remarquer d'une manière bien plus sensible dans quelques lagunes des bords de la Méditerranée. Au lac d'Orbitello en Toscane, Spallanzani a vu périr, dans une seule nuit, une telle quantité d'anguilles, que leurs cadavres gisaient par monceaux sur les bords du canal, et les pêcheurs consternés en évaluaient le poids à envi-

ron 4,000 kilog., formant une valeur de plus de 500 ducats na-
politains. Ces accidents ne se reproduisent heureusement qu'à
de rares intervalles, et les riverains les attribuent à l'échauffement de l'eau, explication évidemment insuffisante, car on
a vu un de ces cas de mortalité survenir au mois de novembre.
Pour en faire comprendre la raison, il suffira de rappeler qu'il
existe sur les côtes de la Toscane, aussi bien que dans le reste
de la Méditerranée (III), une véritable marée, produisant une
alternance de mouvements en vertu de laquelle l'eau du lac se
trouve constamment renouvelée. Dans le cas où cette oscilla-
tion fait défaut, le liquide demeurant dans un état de
stagnation complète, les anguilles ont bientôt absorbé tout
l'oxigène qui leur était nécessaire pour la respiration, et dès
ce moment elles succombent. Est-il admissible, après cela,
que ces poissons puissent vivre dans des mares sulfureuses
ayant l'odeur de l'alun, ainsi qu'on le prétend?

Ces détails préliminaires auront déjà fait faire la remarque
que l'anguille est à peu près indifférente à l'état plus ou moins
salin des eaux. On la trouve, en effet, non-seulement dans la
plupart de celles qui sont douces, mais encore dans la mer et
dans les lagunes du littoral. A l'étang d'Orbitello, précédemment
mentionné, on peut ajouter ceux des côtes de la Dalmatie, tels
que les lacs de Vrana, de Nona, de Scardona et de Narenta,
qui présentent des eaux salées, saumâtres ou douces, suivant
les positions par rapport à divers affluents. Les lagunes salées
de Comacchio, recevant jadis divers bras de l'Arno, sont
célèbres par la quantité de muges et d'anguilles qui y pullulent, au point de former une véritable source de richesse pour
les habitants; après les avoir préparées de différentes manières,
ils les expédient dans diverses parties de l'Italie. L'art de
construire des réservoirs (lavorieri) pour les contenir a été
introduit avec succès, pendant le siècle passé, dans les marais
Pontins près de la Méditerranée, et l'on peut, d'après cela,

se regarder comme autorisé à admettre la même réussite dans les étangs des bords du Languedoc où le poisson existe également. On l'a trouvé, entre autres, en très-grandes quantités dans celui de Maguelonne, et celui de Lattes a fourni des pièces de la longueur de 3 coudées, au dire de Rondelet. Enfin l'on n'oubliera pas ce qui a été dit au sujet des anguilles des étangs d'Istres et de la Valduc en Provence (E).

Cependant, par suite d'une de ces exceptions dont il a déjà plusieurs fois été question, notamment à l'égard du saumon, l'anguille évite certaines eaux. Elle est rare dans le Volga; elle n'existe, dit-on, ni dans le Danube, ni dans les affluents de ce fleuve, et l'on ajoute que celles qui y ont été introduites sont mortes. Ce poisson n'apparaît également que de loin en loin dans le lac de Genève; Razoumowsky en cite une qui fut pêchée vers 1750 ou 1760. Cette exception a singulièrement excité l'imagination des anciens riverains du lac, et comme il faut au peuple une raison bonne ou mauvaise, on expliqua le fait par une excommunication dont les anguilles furent frappées par saint Guillaume, évêque de Lausanne, qui, s'étant fâché contre elles, les expulsa du lac (WAGNER, *Hist. natur. Helvet.*, pag. 49). Jurine a donné une autre solution à la question, en faisant intervenir les rapides de la perte du Rhône, que ces poissons ne peuvent franchir qu'autant que le fleuve, dans ses crues, recouvre ce gouffre. Doit-on s'en tenir à une théorie aussi simple? On se décidera quand j'aurai fait observer que dans le Jura, où les anguilles ne manquent pas, elles font cependant défaut dans le lac de Nantua. J'avoue que pour ma part, en attendant mieux, je suis très-largement porté à me contenter de ce que M. Valenciennes a dit dans une autre occasion : « Ces phénomènes tiennent aux lois inconnues de la « fixité et de la distribution des espèces sur la surface de la « terre. Dans ces expériences, que la nature nous montre toutes « faites, nous trouvons la preuve que l'homme peut quelque-

« fois, par son industrie, transporter momentanément cer-
« taines espèces, mais qu'il ne peut les établir indéfiniment
« dans les localités où la nature ne les a pas créées. »

Si certaines anguilles fréquentent constamment la mer, il
en est d'autres qui séjournent continuellement dans les eaux
douces. Celles-ci ne montrent jamais, ni laitance, ni ovaires
pleins, et M. Valenciennes soupçonne que l'action continue
du liquide, non salé, produit sur elles une sorte de castration
naturelle. A part ces exceptions, l'anguille diffère des autres
poissons migrateurs, en ce qu'elle quitte les eaux douces pour
se rendre dans les profondeurs de la mer afin d'y frayer dans
la vase, et cette bizarrerie a fait débiter une multitude de fables
au sujet de l'origine du poisson. Il est de fait qu'après l'éclosion, les petits formant d'innombrables légions disposées en
bandes serrées, et désignées, en Normandie, sous le nom de
montée, remontent dans les fleuves principaux pour se répandre
dans toutes les eaux adjacentes. Leur quantité est d'ailleurs
extraordinaire dans certaines rivières ; on en prend la charge
de chevaux sur la Loire. En Toscane, d'après Redi, c'est au
mois d'août que les anguilles descendent l'Arno pour frayer ;
elles reviennent ensuite de la mer dans la rivière jusqu'à Pise,
régulièrement depuis le mois de février jusqu'en avril, et cette
marche ascendante les amène à Pise. Dans le Nord, c'est un
peu plus tard, et particulièrement en mai qu'elles quittent
la mer pour rentrer dans l'Oder ou dans la Wartha.

Pendant leurs pérégrinations, les anguilles pénètrent quelquefois dans des stations bien singulières ; on en voit dans des
fontaines, dans des puits, dans des citernes, dans les tuyaux
de conduits. Il faut donc admettre qu'elles voyagent dans l'obscurité la plus épaisse, et cette circonstance explique leurs
trajets souterrains. Ainsi, à Rouen, on a vu de petites anguilles
vivantes rejetées avec l'eau d'un puits artésien que l'on venait
d'ouvrir. Au surplus, quelques autres poissons ou animaux aqua-

tiques manifestent la même tendance. Le protée ne se trouve
que dans certains lacs ténébreux des cavernes de la Carniole.
Le puits de la Brême, dans le département du Doubs, déborde
au moment des grandes pluies, et expulse une grande quantité
d'ombres du sein des galeries profondes qui y aboutissent.
Enfin, de grandes excavations creusées sur les flancs de quelques volcans des Andes, contiennent des eaux où vivent de
petits poissons (*Pimelodes cyclopum*) qui n'apparaissent qu'au
moment où les éruptions font épancher leurs réservoirs.

Ces détails permettent d'expliquer comment il arrive que
les anguilles se rendent en grand nombre dans certains lacs
intérieurs, quelquefois très-élevés, où elles prennent un très-
fort accroissement. L'étang de Fung près de Pontgibaud en
Auvergne, est spécialement remarquable à cause de la quantité et de la grosseur des anguilles que l'on y a pêchées avant
sa dessiccation, et cependant la température de son eau, observée par M. Poyet, ingénieur civil des mines, le 3 octobre 1852, à six heures du soir, ne s'élevait qu'à 7°, celle de
l'air étant à 12°. Cette température est d'ailleurs à peu près
générale pour les sources du pays qui surgissent de dessous les
anciennes coulées de lave descendues du haut des arêtes cul-
minantes.

En mettant actuellement en ligne de compte les altitudes des divers lacs du bassin du Rhône et de ses environs, où
l'on a observé les anguilles, nous aurons :

	Altitudes.
1° Lac de Bouffières près des marais d'Epian, aux environs de Serrières-de-Briord (Ain).	200ᵐ ?
2° Lac du Bourget (Savoie)	228
3° Lac de Morat	436
4° Lac de Neuchâtel	437
5° Lac de Paladru.	436
6° Étang de Fung	757

Cette dernière hauteur est la plus grande parmi celles qui sont authentiquement constatées pour contenir l'anguille.

Je terminerai les détails au sujet de ce poisson en rappelant que la Sorgue, à sa source, passe pour contenir les plus belles écrevisses, les truites les plus exquises et les meilleures anguilles de la France ; celles-ci sont très-abondantes à la fontaine même de Vaucluse, dont la température est de 12°,9 ; mais leur qualité s'amoindrit à l'approche d'Avignon. Quant aux autres stations, elles se trouveront indiquées dans les listes qui cloront cette notice.

Appendice.

BB. Eperlan.

L'éperlan (*Osmerus eperlanus*, Cuv.) est un poisson voisin du saumon rangé ici par appendice à cause de quelques incertitudes au sujet de son gisement. A cet égard, on remarquera d'abord que ce salmonoïde ne doit pas être confondu avec un autre éperlan propre aux parties supérieures du cours de la Seine, et qui n'est autre chose qu'un poisson blanc.

L'osmerus est indiqué comme étant assez abondant dans toute l'étendue de la mer du Nord et dans les embouchures des fleuves qui y débouchent. Ainsi, en Hollande, il se montre dans le Zuidersée ; en Angleterre, à l'entrée de la Tamise, dans le Mersey, le Tay, la Clyde ; en Prusse, dans les grands lacs du pays ; en Livonie, dans le Stint-Sée ; mais il ne paraît pas se porter plus loin au nord de la Suède, car il n'est mentionné ni pour l'Islande, ni pour le Groënland.

Les éperlans de l'embouchure de la Seine remontent jusqu'à Quillebœuf, Jumièges et Rouen, dans deux époques différentes. L'une commence à la St-Michel et finit à la Toussaint ; l'autre débute à la Chandeleur et se termine avant le 15 avril. En somme, ces poissons habitent plus particulièrement les eaux saumâtres, puisqu'ils ne s'élèvent pas au-delà des points

où la marée se fait sentir dans les rivières ; d'ailleurs ils semblent y être simplement poussés par le flot, car dans les grandes marées des équinoxes, on les trouve plus avant dans la
Seine que pendant les marées ordinaires.

Aux détails qui précèdent M. Valenciennes ajoute encore la
station de la Loire ; mais aucune indication ne vient chez lui
donner l'idée d'un séjour plus méridional, et par conséquent le poisson semblerait exclu de la Méditerranée.

Cependant les statistiques de l'Hérault et des Bouches-du-
Rhône mentionnent l'éperlan (*Osmerus*), comme se trouvant
sur les parages du golfe du Lion ; toutefois, l'on ajoute qu'il
ne passe pas dans le Rhône. En serait-il de ce poisson comme
du saumon qui manifeste des tendances du même genre ? Mais
à cette difficulté il vient s'en ajouter une autre. C'est que Girod-
Chantrans indique aussi l'osmère-éperlan comme fréquentant
les lacs de Sainte-Marie et de Saint-Point. Ce dernier est
à l'altitude de 850^m, et par conséquent le poisson s'y trouve-
rait à une hauteur considérable relativement aux stations océaniques. Comment est-il parvenu ainsi dans le Doubs, s'il ne
remonte pas le Rhône ? Sa détermination est-elle entachée de
quelque erreur ? C'est ce que je laisse à décider à des ichthyologistes de profession.

En résumé, nous venons de compter une vingtaine de
poissons méditerranéens dont les squelettes, à l'époque actuelle, peuvent se trouver confondus dans le bassin du Rhône
avec des squelettes de poissons d'eau douce. La conclusion
géologique se laissera déduire facilement. Pour ce qui concerne
la question de la pisciculture, j'aurai occasion de m'en occuper
plus amplement après avoir récapitulé les stations de nos
poissons des rivières, des lacs et des étangs du pays.

La suite à une prochaine livraison.

(*Extrait des Annales de la Société d'agriculture, d'histoire naturelle, etc.* — 1853.)

LYON. — Imp. BARRET, rue Pizay, 11.